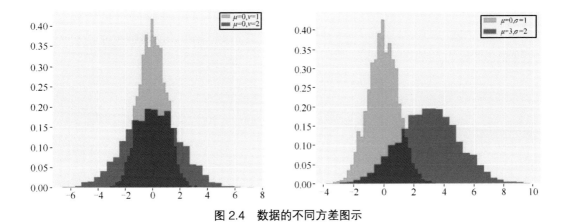

图 2.4　数据的不同方差图示

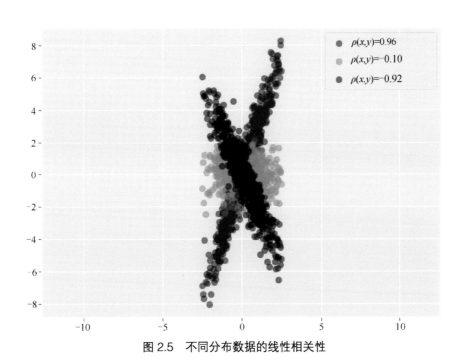

图 2.5　不同分布数据的线性相关性

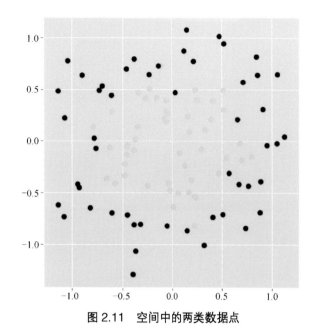

图 2.11　空间中的两类数据点

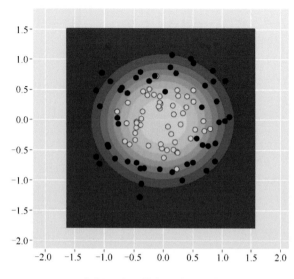

图 2.12　高斯环境下朴素贝叶斯分类器的结果

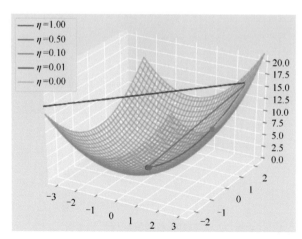

图 3.5　不同学习率在寻找函数最小值时的迭代过程

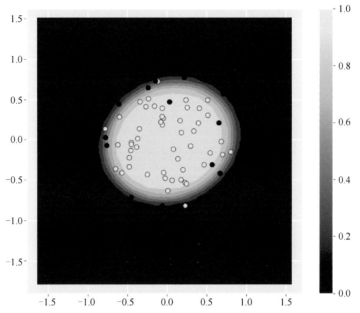

图 5.4　加入非线性特征之后的分类结果（取值为取得黄色点概率）

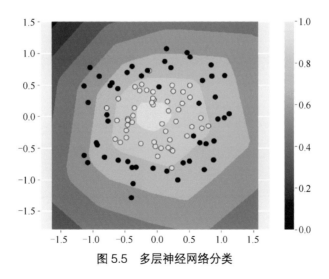

图 5.5　多层神经网络分类

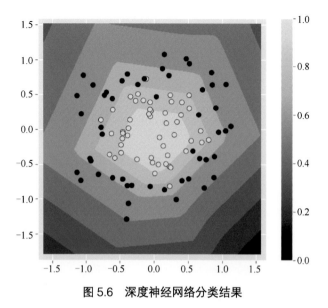

图 5.6　深度神经网络分类结果

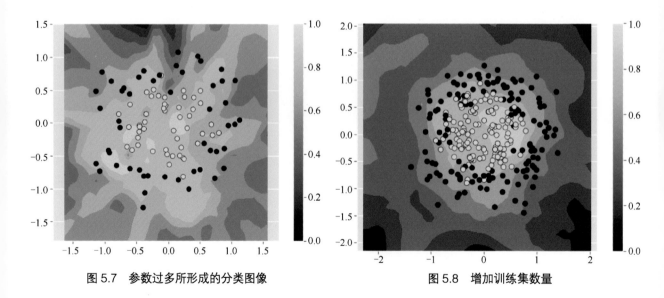

图 5.7　参数过多所形成的分类图像　　　　　图 5.8　增加训练集数量

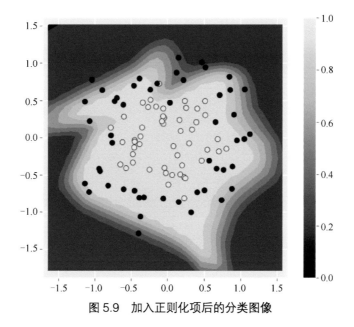

图 5.9　加入正则化项后的分类图像

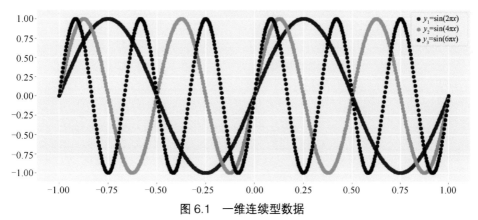

图 6.1　一维连续型数据

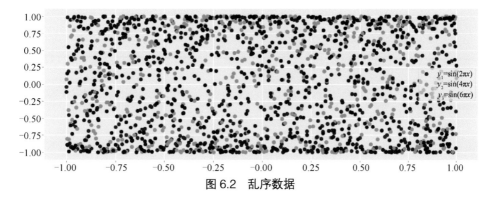

图 6.2　乱序数据

图 6.3　图形和红、黄、蓝 3 个颜色通道图像

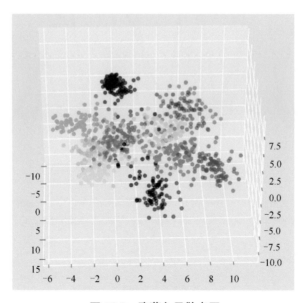

图 10.2　隐藏向量散点图

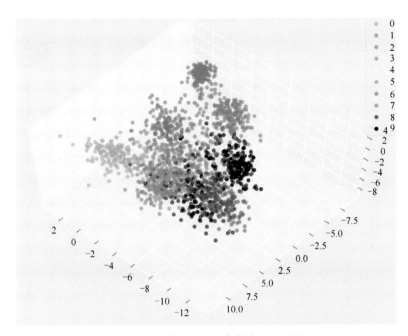

图 10.3　使用 9 个数字（不包含数字 9）训练所得向量

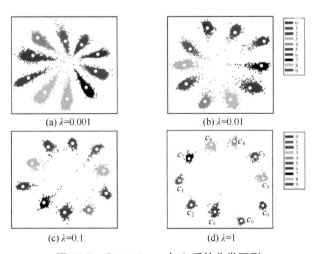

(a) λ=0.001

(b) λ=0.01

(c) λ=0.1

(d) λ=1

图 10.5　CenterLoss 加入后的分类图形

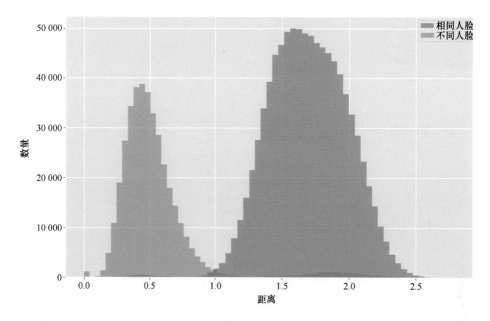

图 10.6　人脸向量距离统计图像

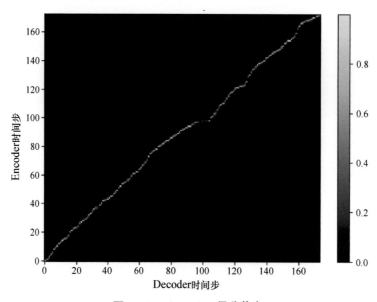

图 11.11　Attention 得分信息

于子叶 著

深度学习
算法与实践

人民邮电出版社

北 京

图书在版编目（CIP）数据

深度学习算法与实践 / 于子叶著. -- 北京 ：人民
邮电出版社，2020.8（2022.10重印）
ISBN 978-7-115-50047-2

Ⅰ．①深… Ⅱ．①于… Ⅲ．①机器学习－算法 Ⅳ.
①TP181

中国版本图书馆CIP数据核字(2020)第070111号

内 容 提 要

　　本书旨在为读者建立完整的深度学习知识体系。全书内容包含 3 个部分，第一部分为与深度学习相关的数学基础；第二部分为深度学习的算法基础以及相关实现；第三部分为深度学习的实际应用。通过阅读本书，读者可加深对深度学习算法的理解，并将其应用到实际工作中。

　　本书适用于对深度学习感兴趣并希望从事相关工作的读者，也可作为高校相关专业的教学参考书。

◆ 著　　　　　于子叶

　　责任编辑　陈聪聪

　　责任印制　王　郁　焦志炜

◆ 人民邮电出版社出版发行　　北京市丰台区成寿寺路 11 号

　　邮编　100164　电子邮件　315@ptpress.com.cn

　　网址　https://www.ptpress.com.cn

　　北京九州迅驰传媒文化有限公司印刷

◆ 开本：800×1000　1/16　　　　　彩插：4

　　印张：16.25　　　　　　　　2020 年 8 月第 1 版

　　字数：352 千字　　　　　　2022 年 10 月北京第 3 次印刷

定价：69.00 元

读者服务热线：(010)81055410　印装质量热线：(010)81055316
反盗版热线：(010)81055315
广告经营许可证：京东市监广登字 20170147 号

前言

　　机器学习算法在现代社会生活的很多方面表现出了强大的生命力：从金融分析、气象预报和互联网内容挖掘，到与普通人相关的智能客服、智能手机等。广泛的行业应用是机器学习算法保持生命力的根基。而深度学习算法在一定程度上弱化了对专业领域知识的依赖，使深度学习算法本身可以从数据中学习所需的特征。因此，深度模型又被称为通用机器学习算法。

　　目前，深度学习在计算机视觉、自然语言处理与自然科学领域均展开了大规模的应用。一方面，深度学习有着比其他机器学习算法更加优秀的普适性；另一方面，这种普适性是以更高的时间与空间复杂度为代价的。作为一名算法工程师，需要做的不仅仅是关注算法的可行性，还需要关注算法本身的复杂度。从这个角度来讲，深度学习算法也许并不是最合适的，但应该是最容易（从理论上来讲）实现的，算法的普适性使深度学习算法具有了比其他机器学习算法更加宽广的想象空间。而这也对相关从业者提出了更高的要求，因为需要了解多个学科的内容。目前国内外已有诸多与机器学习、深度学习相关的著作，如《深度学习》（人民邮电出版社引进出版）对深度学习理论进行了较为深入的讲解。但初学者缺乏一个合适的实现过程与理论描述方式。深度学习内容涉及的统计和几何内容是相对复杂的知识体系。初步学习可能仅了解库函数的使用，如 TensorFlow 和 PyTorch，就可以进行一些工作了。但是要进行深入学习，还是需要更加坚实的基础，这几乎是不可或缺的。

本书内容

　　本书主要内容分为 3 个部分。

　　第一部分为深度学习的数学基础（第 1～4 章）。这部分内容包括空间几何与线性代数、概率与统计、函数建模与优化、机器学习库的使用。其中，前两个是相对独立的，因此读者可以根据自己的基础进行选择性阅读；建模与优化综合了线性代数、概率与统计的内容。

　　第二部分为深度学习基本组件（第 5～9 章）。这部分内容包括深度学习模型与全连接网络、卷积神经网络、循环神经网络基础、循环神经网络扩展以及深度学习优化。这些基本组件均配有与训练预测过程基本实现。读者可以脱离机器学习库实现深度学习算法，这是理想的学习结果，但并非理想的学习过程。作为初学者应当在实践中逐步深入地进行学习。

第三部分为深度学习中常见的应用场景以及相关模型（第 10～12 章）。这部分内容包括图像处理（物体检测、人脸识别）、自然语言处理（语音识别、自然语言翻译、语音生成）和非监督学习（对抗生成网络、图像去噪、增强学习）。

作为入门图书，本书会从简单的函数入手描述深度学习（这是编程所必需的），同时介绍深度学习的基本元素与实现（如卷积神经网络、循环神经网络）。至于更复杂的理论，仅进行预测过程公式的说明与机器学习库版本的实现（如注意力机制）。训练过程可能需要借助 TensorFlow 来完成，但这不代表其本身与 TensorFlow 是绑定的关系。希望看完本书的读者能够抽出时间来进行更系统的学习。比如从空间几何、统计理论开始学习，但作为初学者，不建议过分纠结基础。如果要真正精通机器学习问题，时间和精力也是必须付出的成本。

本书特色

本书力求以统一的数学语言详细而完整地描述深度学习理论，内容上侧重于与应用相关的重点算法与理论，特别是算法预测过程。每一章的写作过程尽量避免使用图形，取而代之的是详细的公式描述，这使读者初读本书时可能有些许障碍。但习惯了公式之后就会发现，图形会使我们的理解出现偏差，同时无法进行实现，而公式则没有这个问题。每一章都尽量对理论有完整的公式推演过程，供读者熟悉理论知识。同时，在章节最后会对公式进行实现，以帮助读者在进行理论学习的同时通过实践快速掌握算法。

如何阅读本书

在学习过程中一些读者经常会陷入几个误区。

第一个误区是对所有算法均试图以图形方式去理解或者寻找一种形象的方式去解释。这种方式并不可取，因为初学者应当把精力放于公式之上，这对于算法实现和定量思维方式的建立都是十分重要的。

第二个误区是试图理解每一个公式，使学习过程无法继续进行。初学者应当先建立知识框架，也就是了解每一种算法之间的关系与内在设计思路，在此之上再进行对公式的理解。

第三个误区是太过强调机器学习库。机器学习库本身仅是辅助，更多的工作需要依赖于对算法的理解。在深入理解之后就会发现，几乎所有的机器学习库，比如 PyTorch、Caffe 等，均是十分相近的。

本书希望读者将精力集中于几个部分。在数学基础部分希望读者将主要精力放在理解什么是机器学习以及矩阵相关的概念；在深度神经网络部分希望读者更加关注于建模思路；深度学习建模思路是相近的，理解它有助于快速迁移至其他项目任务之中。

致谢

感谢家人在本书编写期间给予我的支持和鼓励，是家人让我能够无后顾之忧地进行图书的写作。感谢本书的编辑为图书的顺利出版所做的工作。本人水平毕竟有限，书中纰漏之处在所难免，诚请读者提出意见或建议，以便修订并使之更加完善。

资源与支持

本书由异步社区出品，社区（https://www.epubit.com/）为您提供相关资源和后续服务。

配套资源

本书提供如下资源：

● 本书配套资源请到异步社区本书购买页下载。

要获得以上配套资源，请在异步社区本书页面中单击 配套资源 ，跳转到下载界面，按提示进行操作即可。注意：为保证购书读者的权益，该操作会给出相关提示，要求输入提取码进行验证。

提交勘误

作者和编辑尽最大努力来确保书中内容的准确性，但难免会存在疏漏。欢迎您将发现的问题反馈给我们，帮助我们提升图书的质量。

当您发现错误时，请登录异步社区，按书名搜索，进入本书页面，单击"提交勘误"，输入勘误信息，单击"提交"按钮即可。本书的作者和编辑会对您提交的勘误进行审核，确认并接受后，您将获赠异步社区的 100 积分。积分可用于在异步社区兑换优惠券、样书或奖品。

扫码关注本书

扫描下方二维码，您将会在异步社区微信服务号中看到本书信息及相关的服务提示。

与我们联系

我们的联系邮箱是 contact@epubit.com.cn。

如果您对本书有任何疑问或建议，请您发邮件给我们，并请在邮件标题中注明本书书名，以便我们更高效地做出反馈。

如果您有兴趣出版图书、录制教学视频，或者参与图书翻译、技术审校等工作，可以发邮件给我们；有意出版图书的作者也可以到异步社区在线提交投稿（直接访问www.epubit.com/selfpublish/submission 即可）。

如果您所在的学校、培训机构或企业想批量购买本书或异步社区出版的其他图书，也可以发邮件给我们。

如果您在网上发现有针对异步社区出品图书的各种形式的盗版行为，包括对图书全部或部分内容的非授权传播，请您将怀疑有侵权行为的链接发邮件给我们。您的这一举动是对作者权益的保护，也是我们持续为您提供有价值的内容的动力之源。

关于异步社区和异步图书

"异步社区"是人民邮电出版社旗下 IT 专业图书社区，致力于出版精品 IT 技术图书和相关学习产品，为作译者提供优质出版服务。异步社区创办于 2015 年 8 月，提供大量精品IT 技术图书和电子书，以及高品质技术文章和视频课程。更多详情请访问异步社区官网https://www.epubit.com。

"异步图书"是由异步社区编辑团队策划出版的精品 IT 专业图书的品牌，依托于人民邮电出版社的计算机图书出版积累和专业编辑团队，相关图书在封面上印有异步图书的LOGO。异步图书的出版领域包括软件开发、大数据、AI、测试、前端、网络技术等。

异步社区

微信服务号

目录

第一部分

第二部分

第三部分

第一部分

第1章
空间几何与线性代数

机器学习中的很多概念是直接脱胎于现代几何的，如空间、向量和流形等。这些概念与统计学一起构成了整个机器学习的数学基础。对于学习而言，不必深入地理解度量、张量等内容就可以掌握深度学习，但是与解析几何相关的（严格来说，几何中的概念是与空间相关的，而代数则不是）线性代数却是机器学习所必需的基础。线性代数广泛地应用于工程与科学之中，是目前几乎所有理工学科的基础，同时也是深度学习非常重要的基础。掌握好线性代数中的一些基本概念，对于希望从事与机器学习相关工作的人员来说是必要的。

本章将对空间几何的一些基本概念进行解释，并将其与线性代数中的基本概念进行简单映射，这种映射对于今后的学习是有益的。之后对矩阵概念和算法进行详细阐述，帮助对线性代数不甚了解的读者进行学习。如果读者已经熟悉线性代数的相关概念，那么可以略过本章或仅了解一些几何概念。

本章会略去一些对数学证明很重要但在机器学习中很少用到的概念。很多深度学习内容实际上并无完善的理论约束，这也是很多研究人员努力的方向。如果希望从事相关研究工作，则需要进行更加深入、完整的学习。

1.1　多维几何空间

本节将对空间几何中的相关概念进行阐述。这种阐述是基于"直觉"的，也就是帮助读者建立空间与函数的知识体系并将其与机器学习联系起来。这并不是严格的数学证明过程。对于学习而言，这种"直觉"是必要的。让理论符合我们的"直觉"，是更进一步学习的基础。

1.1.1　空间、函数和向量

首先介绍的概念是空间函数，在此之前我们需要了解什么是空间笛卡儿坐标。这里将空间的每一个点（使用P、Q等表示）进行编号，用一组实数$x_1, x_2, \cdots, x_n$与之相对应，此时称这组实数为坐标。当且仅当两个坐标值相等时代表的才是同一个点。也就是说，当空间点与坐标为一一对应的关系时，这种坐标称为笛卡儿坐标，记为 $\mathbb{R}^n$，n 称为此空间的维数。对于读者来讲，比较容易理解的是二维、三维空间，如图 1.1 所示。

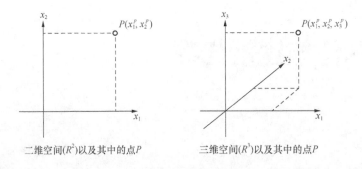

二维空间(R^2)以及其中的点P　　　　三维空间(R^3)以及其中的点P

图 1.1　空间以及其中的坐标点

在空间区域，可以定义一个函数 $f(P) = f(x_1,\cdots,x_n)$，这构成了 n 维空间中的函数。如果空间坐标满足：连接空间中任意两点 P、Q，直线的长度平方公式如下。

$$l^2 = \sum_{i=1}^{n}(x_i - y_i)^2 \tag{1.1}$$

如式 (1.1) 所示，称这种坐标系为欧氏空间。欧氏空间是一种简单的空间形式，从零点开始指向空间中某一点的坐标称为坐标向量，如图 1.2 所示。坐标向量在欧氏空间中是可以直接相加的。

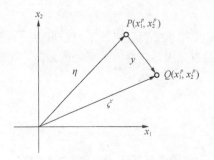

图 1.2　二维欧氏空间中的坐标向量

欧氏空间中的坐标向量是可以直接进行代数运算的。例如，图 1.2 中展示的坐标向量的关系如下。

$$\eta + \gamma = \xi \tag{1.2}$$

在此二维空间所有的坐标向量中，有两个特殊的向量：$e_1 = (0,1)$，$e_2 = (1,0)$，其长度均为1，并且互相正交。此二维空间中所有的坐标向量都可以由这两个向量通过某种代数运算得到，因此这两个向量称为坐标基向量，向量 ξ 可表示为式 (1.3)。

$$\xi = x_1 e_1 + x_2 e_2 \tag{1.3}$$

如果已知 n 维空间中的向量 $\boldsymbol{\xi}_1 = \left(x_1^p, \cdots, x_n^p\right)$, $\boldsymbol{\xi}_2 = \left(x_1^q, \cdots, x_n^q\right)$, 那么

$$\langle \boldsymbol{\xi}_1, \boldsymbol{\xi}_2 \rangle = \sum_{i=1}^n x_i^p x_i^q \tag{1.4}$$

称为欧几里得内积, 在机器学习中也称为向量乘积。如果两个向量内积为 0, 则称两个向量正交。假设在空间中定义了关于坐标的某种函数约束

$$f(x_1, \cdots, x_n) = 0 \tag{1.5}$$

则定义了一个 n 维空间中的超曲面。对于三维空间而言, 式 (1.5) 代表了一个二维曲面。通常, n 维空间中的 $n-k$ 维曲面可以由式(1.6)给出。

$$f_1(x_1, \cdots, x_n) = 0, \cdots, f_k(x_1, \cdots, x_n) = 0 \tag{1.6}$$

由于多维空间情况不太好理解, 因此以三维空间中的一维曲线为例进行说明。三维空间中一维曲线需要使用两个方程约束, 也就是只有一个自由度, 这个自由度可以用变量 t 表示。此时三维空间中的一维曲线的另外一种表示形式为式 (1.7)。

$$\begin{cases} f_1(x_1, x_2, x_3) = 0 \\ f_2(x_1, x_2, x_3) = 0 \end{cases} \leftrightarrow \begin{cases} x_1(t) \\ x_2(t) \\ x_3(t) \end{cases} \tag{1.7}$$

将式(1.7)所表示的关系绘制为空间中的曲线, 如图 1.3 所示。

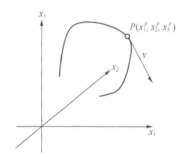

图 1.3　三维空间中的曲线和速度向量

图 1.3 展示了式 (1.7) 所描述的三维空间中的一维曲线。这里有了向量的另外一种定义——速度, 其形式如式 (1.8)。

$$v = \left(\frac{\mathrm{d}x_1}{\mathrm{d}t}, \frac{\mathrm{d}x_2}{\mathrm{d}t}, \frac{\mathrm{d}x_3}{\mathrm{d}t}\right) = (\dot{x}_1, \dot{x}_2, \dot{x}_3) \tag{1.8}$$

速度表示了空间曲线的变化情况。

注意: 这里的速度也是一个向量, 但是与前面提到的坐标向量不同。速度代表了空间曲面的特征, 而坐标向量是带有位置信息的, 之后我们所讨论的坐标变换也是对于位置向量而言的。在机器学习问题中, 我们通常不太纠结于两种向量的区别, 因为它们均是在欧氏空间之中。

式(1.7)描述了空间曲线。空间几何体在空间中都具有一定的连续性，这种空间上的连续性使我们可以从曲线拟合的角度看待机器学习问题。对于一般的机器学习问题而言，空间曲线的数学形式是未知的。这就需要通过数据点去预测曲线形状，这些数据点是对未知曲线的采样，也就是从曲线上选择的一些数据点。很多时候这些数据点是带噪声的。恢复未知曲线最简单的方式是"插值法"。这里插值指的是通过已知空间曲线的若干点取值来预测其他数据点位置。

图 1.4 是插值示意图，我们只知道空间中的点 P、Q、R。如果需要计算在空间中某一点 x_1' 处所对应的 x_2 取值，则从函数角度来说，就是获取空间曲面的近似值。

$$x(t) \approx \hat{x}_{插值}(t) \tag{1.9}$$

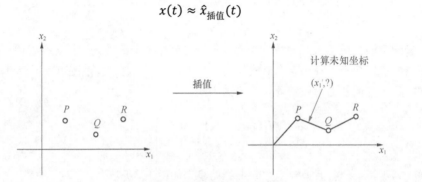

图 1.4　插值法示意图

这是一种朴素的机器学习过程，整个过程我们只是用直线来连接空间中的数据点。为解释这个问题，我们列举一个更常见的多维空间的问题，对于手写数字而言，其是一个 28×28 大小的灰度图。从空间几何角度来说，是一个 28×28=784 维空间，每个像素点为一个坐标，不同值代表不同灰阶，0～1 代表从黑到白。将整个图像沿竖直方向移动，移动量为 h，此时可以将每个像素点都看成是移动量 h 的函数。由此构建了一个在 784 维空间中的一维曲面，这个高维空间中的曲面是难以观测的，因此使用主成分分析方法（PCA 方法）对高维空间进行降维，从而将其可视化，如图 1.5 所示。

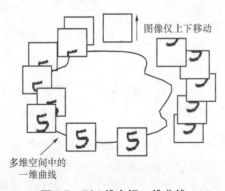

图 1.5　784 维空间一维曲线

图 1.5 展示了多维空间中的一维曲线，这是 PCA 方法降维之后可视化的结果。可以看到，图像在竖直方向产生微小改变后，多维曲线依然具有一定的连续性。这使我们可以不必精确地用函数来描述变化过程，而只需要使用几个点就可以大概地描述整个图像移动的过程。机器学习问题本身的泛化性能也来源于此。后面会对 PCA 方法进行讲解。

1.1.2 空间变换与矩阵

如果在空间中包含两种坐标系，而坐标之间符合函数关系，则这种函数关系称为空间变换。

$$z_i(x_1, \cdots, x_n), i = 1, \cdots, n \tag{1.10}$$

简单的空间变换形式为空间的旋转、平移和拉伸。这种变换称为仿射变换，如图 1.6 所示。

$$z_i = \sum_j a_{ij} x_j + b_i \tag{1.11}$$

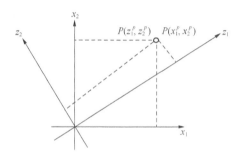

图 1.6　二维空间的仿射变换（旋转）

为了书写方便，这里将式 (1.11) 表示的代数计算写成矩阵形式。

$$z = Ax + b \tag{1.12}$$

这里 A 是二维矩阵。矩阵是深度学习中的基本概念，深度学习的建模以及优化过程都是围绕矩阵进行的。在这里矩阵指的是将一系列的代数运算按照某种方式组织起来。矩阵概念映射到计算机科学中就是数组。

$$A_{mn} = \begin{bmatrix} a_{11} & \cdots & a_{1n} \\ \vdots & \ddots & \vdots \\ a_{m1} & \cdots & a_{mn} \end{bmatrix} \in \mathbb{R}^{m \times n} \tag{1.13}$$

在式 (1.13) 中，$\mathbb{R}^{m \times n}$ 代表 m 行 n 列的实数矩阵。矩阵的表示方式有 A 或者 $[a_{ij}]$ 两种。对于我们所接触的机器学习问题而言，矩阵内的数值通常为实数。为了说明问题，我们列举一个比较简单的例子，如图 1.7 所示。

从图 1.7 可以看到，仿射变换本身包含了图像的旋转与拉伸，但是仿射变换在原始坐标中的直线在变换坐标中依然是直线。仿射变换是一种线性变换。仿射变换可以用于对图像进行简单处理，如图像的拉伸、平移和旋转等，如图 1.8 所示。

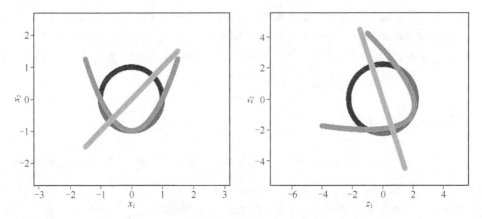

图 1.7 二维空间的仿射变换

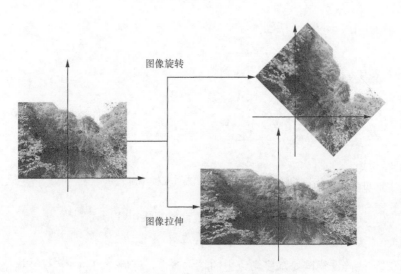

图 1.8 对图像进行仿射变换

对于欧氏空间中的某一坐标向量，在 x、z 坐标系中坐标分别为 $(x_1, \cdots, x_n)$、$(z_1, \cdots, z_n)$，其可以写为基向量相加的形式。

$$\boldsymbol{\xi} = x_1 \boldsymbol{e}_1^x + \cdots + x_n \boldsymbol{e}_n^x \leftrightarrow z_1 \boldsymbol{e}_1^z + \cdots + z_n \boldsymbol{e}_1^n \tag{1.14}$$

因此，向量在坐标变换中有相似的形式。

$$\boldsymbol{\xi}_x = A \boldsymbol{\xi}_z \tag{1.15}$$

如果存在一个特征向量在线性变换过程中仅是长度方向发生变化，且符合形式

$$A \boldsymbol{\xi} = \lambda \boldsymbol{\xi} \tag{1.16}$$

则称 $\boldsymbol{\xi}$ 为特征向量，λ 为特征值。

张量与矩阵的区别

张量本身的定义是在空间中使空间中的某种度量（如长度）不变而成产生的量，因此其产生与几何相关。而矩阵本身则仅代表一种代数运算的组合形式。两者的联系点在于函数和几何空间的映射。

这里列举几种常见的张量（向量）。

速度向量：$\boldsymbol{v} = \dot{\boldsymbol{x}}$

梯度向量：$\operatorname{grad} \boldsymbol{f} = \nabla \boldsymbol{f} = \left(\frac{\partial f}{\partial x_1}, \cdots, \frac{\partial f}{\partial x_n}\right)$

在仿射变换中定义的 $\boldsymbol{A}$ 就是矩阵，它是独立于空间张量存在的。一维矩阵就是一个机器学习中常说的向量。

列向量：$\boldsymbol{x} = \begin{bmatrix} x_1 \\ \vdots \\ x_n \end{bmatrix}$

行向量：$\boldsymbol{x} = [x_1, \cdots, x_n]$

1.2 矩阵和运算

1.1 节已经对矩阵进行了简单阐述，说明矩阵本身也带有一定的几何意义（空间线性变换）。本节将对一些常见的矩阵运算进行叙述。在阐述相关概念时也会使用图像的方式，因为这会涉及一些几何的概念。

1.2.1 矩阵基本运算

实际上前面已经提到了矩阵和向量的乘法运算，这里再对矩阵相乘的概念进行重述。矩阵相乘是基本且常用的运算之一。这里定义矩阵 X 和矩阵 A 相乘得到矩阵 Y。在定义乘法运算的过程中，需要使 X 的列数与 A 的行数相等。将乘法运算写为如下形式。

$$Y = AX \text{ 或 } Y = A \cdot X \tag{1.17}$$

式 (1.17) 展示了两种矩阵乘法的书写习惯，前一种是线性代数里常用的矩阵乘法书写方式，后一种在张量分析中常用，代表向量的点乘运算。式 (1.18) 为写成分量的形式。

$$(Y)_{i,j} = \sum_k (A)_{i,k}(X)_{k,j} \xleftrightarrow{\text{省略求和符号}} (Y)_{i,j} = (A)_{i,k}(X)_{k,j} \tag{1.18}$$

这里有两点需要解释，有时会用字母加下标的方式来表示矩阵元素。而矩阵相乘的过程中，在一部分文献中会写成约定求和的方式，即省略求和符号而用相同的指标 k 代表求和。对于矩阵的乘法来说，还有其他的乘法形式，如矩阵的哈达玛积（Hadamard Product），就是矩阵的对应元素相乘，其形式如下。

$$(A \cdot B)_{i,j} = A_{i,j}B_{i,j} \tag{1.19}$$

这里需要注意的是，式 (1.19) 中相同指标并不代表求和，而仅是元素相乘。与之相类似的是矩阵的加法运算，其代表着矩阵对应元素相加。

$$(A + B)_{i,j} = A_{i,j} + B_{i,j} \tag{1.20}$$

矩阵运算本身也有着类似于数字运算的法则。

（1）分配率：$A(B + C) = AB + AC$。
（2）结合律：$(AB)C = A(BC)$。
（3）交换律：矩阵运算无交换律。

1.2.2　矩阵分块运算和线性变换

回顾如下一种简单的等式。

$$y = ax + b \tag{1.21}$$

这是一种简单的表示形式，它代表 x 和 y 之间存在某种关系。如果将 x 与 y 看成二维空间中的坐标，那么式 (1.21) 则代表了空间中的某一条直线。写成矩阵的乘法与加法，则形式如下。

$$Y = AX + B \tag{1.22}$$

式 (1.22) 实际上代表对矩阵 X 进行线性变换后得到 Y 的过程。因此矩阵的线性变换实际上就是对式 (1.21) 的扩展。这代表 X 与 Y 之间存在某种简单的关系。取 Y，X，B 的某一列向量 x，y，b，则公式如下。

$$y = Ax + b \tag{1.23}$$

这代表着对向量 x 进行线性变换。在给出式 (1.22) 的过程中，我们需要解释一个细节，就是矩阵的分块运算。对于矩阵的乘法及加法运算，都可以分解为对子矩阵进行相乘运算。例如将式 (1.22) 中矩阵的每一列看作一个子矩阵（向量），那么 X 可以写成分块形式。式 (1.23) 中 X 就来自于 $x_1 \sim x_n$。

$$X = [x_1, \cdots, x_n] \tag{1.24}$$

将矩阵 Y、B 均写成类似的形式，那么 X 与 A 的乘法可以写成如下形式。

$$y_i = Ax_i + b_i, i = 1, \cdots, n \tag{1.25}$$

这就是矩阵的分块运算。当然，分块运算还有其他划分形式，读者可参考线性代数的相关内容。如果令 $y = 0$，那么式 (1.23) 就变成了如下形式。

$$Ax = -b \tag{1.26}$$

式 (1.26) 是一个标准的线性方程组。从矩阵分块运算的角度来看，将n个未知数的m组方程写成了式 (1.23) 所示的紧凑形式。矩阵可以简化公式的书写。假设A矩阵是m行n列的，则严格来说还需要$Rank(A) = \min(m,n)$。

（1）如果$m = n$，那么代表未知数个数与方程个数是相等的，这是一个适定方程。

（2）如果$m < n$，那么代表未知数个数大于方程个数，这是一个欠定方程。

（3）如果$m > n$，那么代表未知数个数小于方程个数，这是一个超定方程。

这就有了 3 种典型问题。对于适定问题，如果矩阵行列式不等于 0，那么方程有唯一解（空间中的一个点）；对于欠定方程，方程具有无穷多个解（一个空间曲面）；对于超定方程，仅有近似解。机器学习问题应当都是超定问题，也就是方程个数是多于未知数个数的。但是也有些情况例外，比如深度学习模型，未知数个数可能是大于方程个数的。

现在列举一个简单的例子。假设在二维空间中有$(1.0,1.1)$、$(2.0,1.9)$、$(3.0,3.1)$、$(4.0,4.0)$共 4 个点，求解这 4 个点所在的直线。如果直线方程为$y = ax + b$，那么将 4 个数据点代入后会得到 4 个方程，而未知数有a、b两个，因此这就是一个典型的超定问题。此时，对于a、b取得任何值都无法很好地描述通过 4 个点的直线。但若取$a = 1$，$b = 0$，此时虽然无法精确地描述x和y的关系，但是通过这种方式可以得到$(1.0,1.0)$，与数据点相比$(1.0,1.1)$十分接近，因此得到了近似意义（最小二乘）上的解。这是一个非常典型的机器学习问题。从这个例子可以看到，实际上机器学习就是一个从数据中寻找规律的过程。而假设数据符合直线分布就是我们给定的模型，求解给定模型参数的过程称为优化。这里不需要读者对机器学习问题进行更多的思考，我们在之后还会进行更详细的阐释。这里只是说明机器学习问题大部分情况下是一个超定问题，但由于可训练参数（也就是未知数）较多，在训练样本（每个训练数据都是一个方程）不足的情况下深度学习模型可能并非超定问题，此时会面临过拟合风险，因此对于机器学习尤其是深度学习需要海量（数量远超未知数的个数，未知数也就是可训练参数的个数）的样本才能学习到有价值的知识。

1.2.3 矩阵分解

上面提到空间中某一坐标向量可以写成多个向量相加的形式。

$$\eta = a_1\xi_n + \cdots + a_n\xi_n \tag{1.27}$$

对于一组不全为 0 的向量而言，如果其中的任意一个向量都不能由其他向量以式 (1.27) 的方式表示，那就代表这组向量线性无关或这组向量是线性独立的。

线性独立的概念很重要。如果几个向量线性不独立，即某个向量可以用其他向量表示，那么这个向量就没有存储的必要。举个简单的例子。

$$\eta_1 = b_1\eta_2 + b_2\eta_3 \tag{1.28}$$

式 (1.28) 代表向量η_1、η_2、η_3是线性相关的，也就是说，我们仅需存储 3 个向量其中的两个就可以恢复第 3 个向量。这种恢复是无损的，是信息压缩最原始的思想。这里加强约束，式 (1.27) 中等式右边各个向量 ξ 之间的关系如下。

$$\xi_i \cdot \xi_j = \delta_{ij} \tag{1.29}$$

式 (1.29) 中描述的向量是互相正交的关系，并且是单位向量。

$$\delta_{ij} = \begin{cases} 1 & i = j \\ 0 & i \neq j \end{cases} \tag{1.30}$$

> 单位向量：长度为 1 的向量。
>
> 向量正交：两个向量内积为 0。
>
> 坐标基向量是最简单的单位向量。

因此，实际上式 (1.27) 就是对坐标向量进行的坐标基展开，这是在空间中所用到的概念。当然，并不是所有坐标基向量都是正交的，同样也未必是单位向量。

对于一组矩阵的向量 $V = (v_1, \cdots, v_m)$ 来说，其中的每个向量都可以用其他多个向量以加权求和的方式表示。

$$v_{ki} = a_{kj} e_{ji} \tag{1.31}$$

其中，$e_{ji} \rightarrow (\vec{e}_j)_i$ 代表第 j 个单位向量的第 i 个元素。同样地，v_{ki} 代表第 k 个向量的第 i 个元素。此时式 (1.31) 实际上可以表示为矩阵相乘的形式。

$$V_{mn} = A_{mk} \cdot E_{km} \tag{1.32}$$

式 (1.32) 中由向量 $(v_1, \cdots, v_m)$ 组成的矩阵 V 可以分解为两个矩阵 A、E 的乘积表示。如果 $m > k$，也就是说，我们可以用少于 m 个数字来表示向量 V，这是一个标准的数据压缩过程。此时，A 可以代表矩阵 V 的特征，如果要恢复 V 的话，还需要保存 E。但是机器学习中通常只需 A 即可，因为其带有 V 的信息。

从前面的内容可以知道，式 (1.32) 是对矩阵进行的线性变换，这个变换的目的在于信息压缩。这个过程中需要的是求解矩阵 E。如果 $W = E^T$，则信息压缩方式可以写为如下形式。

$$V_{mn} \cdot W_{nq} = A_{mq}; n \leqslant q \tag{1.33}$$

W 称为变换矩阵。这是通过矩阵的线性变换来完成数据压缩的过程。

1.2.4 方阵的线性变换：特征值分解

特征值分解是最简单的一种矩阵分解形式，也是矩阵算法中最常用的。特征值分解是对方阵而言的。下面将某个矩阵 A 分解成 3 个矩阵相乘的形式。

$$A_{nn} = E \cdot \Lambda \cdot E^{-1} \tag{1.34}$$

这是一个矩阵相乘的逆运算，也是一个典型的欠定问题，因为矩阵分解并不是唯一的。为了解决这种非唯一性问题，我们对分解后的矩阵加入约束条件。第一个约束就是特征值分解中 E 矩阵是正交矩阵。

$$E^{-1} = E^{\mathrm{T}} \tag{1.35}$$

此时，式 (1.33) 中的变换矩阵 W 即为 E。另外一个约束就是对角矩阵 $\varLambda$，对角线上的元素称为特征值。E 中的向量则称为特征向量。

对于特征值分解而言，其本身具有明确的几何意义。如果将矩阵 A 当作 1.1.2 节中的仿射变换矩阵，那么前面提到的坐标与矩阵 A 相乘实际上代表了对空间的旋转拉伸变换。由此仿射变换本身可以分解为旋转与拉伸。因此式 (1.34) 中所得到的矩阵，E 代表了对空间的旋转变换，$\varLambda$ 则代表了对空间的拉伸变换。在此，以二维情况进行简单阐述，如图 1.9 所示。

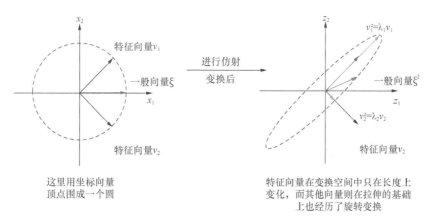

图 1.9　仿射变换图示

1.2.5　非方阵线性变换：奇异值分解

作为矩阵的分解算法，特征值分解最主要的缺陷在于它只能应用于方阵。非方阵情况下的矩阵分解算法，比较有代表性的是奇异值分解（SVD）。

$$A_{mn} = M \cdot \varGamma \cdot V \tag{1.36}$$

SVD 的求解过程可以用特征值分解进行，这就需要将矩阵转换为方阵。

$$B_{nn} = A^{\mathrm{T}} \cdot A = E \cdot \varLambda \cdot E^{\mathrm{T}} \tag{1.37}$$

对 B 进行特征值分解，利用对应元素相等可以得到如下关系。

$$\begin{aligned} V &= E^{\mathrm{T}} \\ \varGamma &= \sqrt{\varLambda} \end{aligned} \tag{1.38}$$

根据式 (1.36) 可以得到 M 的值如下。

$$M = A \cdot V^{\mathrm{T}} \cdot \Gamma^{-1} \tag{1.39}$$

由此 3 个矩阵已经完全确定。因此，有人说矩阵的特征值分解是 SVD 的基础。同时可以看到，矩阵A在变换为矩阵M的过程中，相当于对矩阵A进行一次线性变换。

1.2.6　其他线性变换：字典学习

对于 SVD 分解而言，有一个非常大的问题就是约束过于严格，如矩阵M与V为正交矩阵，这就导致在计算的过程中，为了满足分解条件，信息压缩的质量可能会降低。因此，产生了另外一个更加宽泛的约束方式。

$$A_{mn} \approx M_{np} \cdot N_{pm} \tag{1.40}$$

假设条件N足够稀疏，此时M就称为字典。在这种情况下弱化了正交性假设，所得到的信息压缩效果会更加出色。

1.3　实践部分

1.3.1　矩阵定义与计算

在 TensorFlow 中，最简单的矩阵乘法运算可以写成如代码清单 1.1 所示的形式。

代码清单 1.1　矩阵点乘 1

```
# 矩阵乘法
# 引入库
import tensorflow as tf
# 定义常量全为 1 的矩阵，矩阵为 4*4 的矩阵
a1 = tf.ones([4, 4])
a2 = tf.ones([4, 4])
# 矩阵乘法
a1_dot_a2 = tf.matmul(a1, a2)
# 定义会话用于执行计算
sess = tf.Session()
# 执行并输出
print(sess.run(a1_dot_a2))
```

这是通过常量进行定义的，一般的函数库是按顺序执行的，如 NumPy。而 TensorFlow 在运行过程中，一直都只是在描述计算，直到定义了会话并运行之后才真正开始计算。这样一来，我们就可以用速度较慢的 Python 来描绘计算过程，而需要快速计算时，利用会话（Session）可以实现 Python 所描述的计算。Python 中用得最多的是变量，将上述矩阵运算使用 TensorFlow

可以写成代码清单 1.2 的形式。

代码清单 1.2　矩阵点乘 2

```
# 矩阵乘法
# 引入库
import tensorflow as tf
# 定义变量，并将其初始值赋为 1
a 1 = tf.Variable(tf.ones([4, 4]))
# 推荐使用 get_varialbe 函数
a2 = tf.get_variable("a2", [4, 4])
# 矩阵乘法
a1_dot_a2 = tf.matmul(a1, a2)
# 变量需要初始化
init = tf.global_variables_initializer()
sess = tf.Session()
sess.run(init)
print(sess.run(a1_dot_a2))
```

　　变量是在计算过程中可以不断变化调整的量，这对机器学习来说是比较重要的（后面会提到）。这里需要注意的是，使用变量时需要对其进行初始化，否则会出现错误。

　　上面提到我们用 Python 来描绘计算过程，称为计算图。在描述之后，我们很难对变量进行外部输入。因此这里引入了 placeholder 用于从外部接收数据，如代码清单 1.3 所示。

代码清单 1.3　矩阵乘法 3

```
# 矩阵乘法
# 引入库
import tensorflow as tf
import numpy as np
# 变量推荐使用 get_variable 函数
a1 = tf.get_variable("a1", [4, 4])
# 定义 placeholder 用于从外部接收数据
a2 = tf.placeholder(dtype=tf.float32, shape=[4, 4])
# 矩阵乘法
a1_dot_a2 = tf.matmul(a1, a2)
# 变量需要初始化
init = tf.global_variables_initializer()
sess = tf.Session()
sess.run(init)
# 需要为 placeholder 提供数据
print(sess.run(a1_dot_a2, feed_dict={a2:np.ones([4,4])}))
```

　　想象一下，在运行过程中只需不断地从外部输入 c2，就可以持续地输出 a1_dot_a2。这个过程对于机器学习输入样本来说，非常简便。

注意格式检查。在计算过程中，float 64 与 float 32 放在一起使用会产生错误。

1.3.2　仿射变换实例

本例中我们将对图像进行仿射变换，这里用到的库函数为 OpenCV。当然，这不是必需的，读者可以根据仿射变换的描述来完成计算，但后续处理中需要对图像进行插值。为了程序简洁，我们仅以 OpenCV 进行举例。其中使用的图像如图 1.10 所示。

图 1.10　原始图像

这里将图像顺时针旋转 45°，见代码清单 1.4。

代码清单 1.4　图像旋转代码

```
import numpy as np
import cv2
# 图像读入
image = cv2.imread("figure/demo.jpg")
# 定义仿射变换矩阵A旋转拉伸变换，b平移变换
pi2 = np.pi / 4
Ab = np.array([[np.cos(pi2), np.sin(pi2), 0],
               [-np.sin(pi2), np.cos(pi2), 0]],dtype=np.float32)
# 对图像进行仿射变换
image_trans = cv2.warpAffine(image, Ab, (image.shape[1], image.shape[0]))
# 图像输出
cv2.imwrite("figure/demo_t.jpg", image_trans)
```

最终输出图像如图 1.11 所示。

图 1.11 图像顺时针旋转 45°

注意,这里在进行图像旋转的过程中坐标原点在图像右上角。旋转后图像空白部分填充为 0。因此,可以看到图 1.11 所示的很多位置显示为黑色。对于图像的拉伸与平移问题,我们仅需对变换矩阵进行如下更改。

```
# 图像横向拉伸 3 倍
Ab = np.array([[3, 0, 0],
              [0,13, 0]], dtype=np.float32)
# 图像纵向拉伸 3 倍
Ab = np.array([[1, 0, 0],
              [0, 3, 0]], dtype=np.float32)
# 图像向左移动 10 个单位像素
Ab = np.array([[1, 0, 10],
              [0, 1, 0]], dtype=np.float32)
# 图像向下移动 10 个单位像素
Ab = np.array([[1, 0, 0],
              [0, 1, 10]], dtype=np.float32)
```

拉伸后的图像如图 1.12 所示。

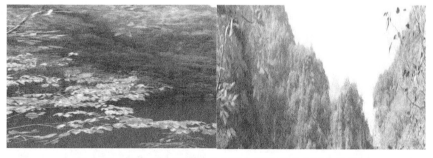

图 1.12 对图像进行横向(左图)与纵向(右图)拉伸

由此可见，仿射变换本身是由几何所产生的概念，其广泛应用于图像处理、机器学习等相关工作之中。

1.3.3　数据压缩

本示例使用的原始图像如图 1.13 所示。

图 1.13　数据压缩示例所使用的原始图像

为了保存图像，使用的矩阵格式为$[H, W, C]$三维矩阵，为了方便 SVD 处理，将图像进行灰度化。灰度化的方式为对每个颜色通道进行加权求和。图像 SVD 分解的完整代码如代码清单 1.5 所示。

代码清单 1.5　图像 SVD 分解代码

```
import matplotlib.image as mpimg # mpimg 用于读取图像
import matplotlib.pyplot as plt # 用于绘图
import tensorflow as tf # 用于矩阵运算 SVD 分解
import numpy as np #用于矩阵运算
# 设置中文显示
plt.rcParams['font.sans-serif'] = ['SimHei']
plt.rcParams['axes.unicode_minus'] = False
# 读取图像
img = mpimg.imread('img/timg.jpg')
# 归一化
img = img / 255
# 灰度化
```

```
a1, a2, a3 = 0.2989, 0.5870, 0.1140
img_gray = img[:,:,0]*a1+img[:,:,1]*a2+img[:,:,2]*a3
H, W = np.shape(img_gray)

# 定义 TensorFlow 中的常量矩阵
img_tf = tf.constant(img_gray)
# 对矩阵进行 SVD 分解
img_svd = tf.linalg.svd(img_tf, full_matrices=True)
# 在 TensorFlow 中需要 Session 执行
sess = tf.Session()
# 真正执行 SVD 分解
A, M, N = sess.run(img_svd)
print(np.shape(A), np.shape(M), np.shape(N))
# 将 A 转换为对角矩阵
A = np.diag(A)
A = np.pad(A, ((0, 0), (0, W-H)), mode='constant', constant_values=(0, 0))
# 绘图
plt.subplot(221)
plt.title("原始图像")
plt.imshow(img_gray, cmap=plt.get_cmap("gray"))
plt.subplot(222)
plt.title("无损恢复图像")
plt.imshow(M.dot(A).dot(N.T), cmap=plt.get_cmap("gray"))
plt.subplot(223)
plt.title("保留前 200 个向量")
num = 200
# 仅取前 200 个向量恢复图像
plt.imshow(M[:,:num].dot(A[:num,:num]).dot(N[:, :num].T),
cmap=plt.get_cmap("gray"))
plt.subplot(224)
plt.title("保留前 20 个向量")
num = 20
plt.imshow(M[:,:num].dot(A[:num,:num]).dot(N[:, :num].T),
cmap=plt.get_cmap("gray"))
plt.show()
```

对于程序而言，需要说明的有以下两点。

（1）TensorFlow 使用 Python 语言描述数据经过的计算过程，我们在描述过程中实际并未执行，真正的执行过程需要使用 Session 来执行。

（2）执行完成后的结果为 NumPy 矩阵，可以直接使用与 NumPy 相关的函数进行运算，这个过程是实时的。

最终得到结果如图 1.14 所示。

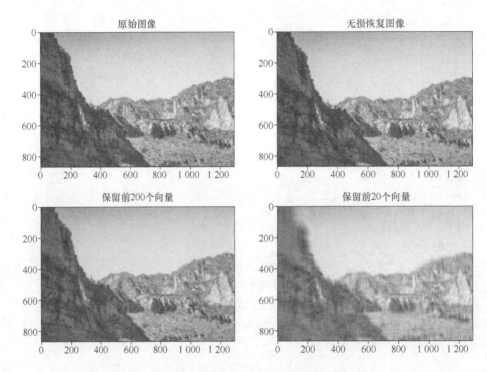

图 1.14　进行图像压缩与恢复示意

可以看到，即使使用一部分向量依然可以恢复原始图像，但是图像质量损失，这个过程不是无损的。下面计算压缩比，如表 1.1 所示。

表 1.1　图像压缩比

图像处理过程	保存需要浮点数	压缩后的浮点数个数/原始图像浮点数个数
原始图像	867×1 300=1 127 100	100%
保留前 200 个特征值	（867+1 300）×200+200=433 600	38.5%
保留前 20 个特征值	（867+1 300）×20+20=43 360	3.85%

可以看到，即使仅使用原始图像 3.85% 的浮点数，依然可以部分恢复原始图像。这是图像等连续型数据的特点。从另一个角度来说，这是数据本身具有一定的稀疏性，可以由少量特征恢复原始数据。

1.4　小结

本章内容源自于《现代几何学》与《线性代数》，有兴趣的读者可以自行阅读。对于本章内容，读者应着重理解矩阵的相关概念以及运算。对于与几何学结合的内容，酌情了解即可。很多线性代数的概念是脱胎于几何的，因此对于单独学习线性代数的读者而言很多概念可能会感觉无法理解，这不适合理论体系的建立。前面说到，所谓"学会"就是将公式理论融入我们直觉思考的过程，这里的直觉指的是记忆并接受。如果直觉上就对一些概念有所抵触，那么今后的公式推演就可能会成为我们的一个薄弱点。

然而，公式推演过程并非是机器学习的全部，这里更希望读者在遇到理解上的问题时，不要纠结于具体细节，而是继续阅读，在阅读完整本图书后再去理解之前不懂的内容。这是一种比较推荐的学习方式。

第 2 章
概率与统计

概率与统计及相关概念是整个机器学习的基础。其与空间几何、线性代数一起构成了深度学习的理论基石。很多机器学习的理论描述都是基于概率的。而概率本身也是理工学科的基础性工具，广泛地应用于工程的各个领域。掌握好概率论是深入学习机器学习的基础，可以帮助我们进行相关公式的推演以及系统的描述。

这种概率化描述系统的过程比我们前面确定性的描述过程（空间曲面）更加抽象与难以理解。很多机器学习工作者在这里会遇到学习过程中的一个很大的障碍——很多机器学习系统是通过概率来进行描述的，这种不确定性通常与我们的直觉相悖。

本书在编写过程中尽量使用两种方式来描述系统，即函数式描述以及概率式描述，方便对概率论不甚了解的读者阅读本书。如果读者对概率概念较为熟悉，则可跳过本章进行后续学习。本章将对概率与统计领域的基本概念进行阐述，需要着重理解什么是建模以及最大似然估计。

2.1　概率基础概念

机器学习非常依赖于概率以及相关的数学工具。因此在深度学习中与概率相关的概念的出现频率非常高。我们习惯了使用确定性的思维来描述事物，这种确定性的思维在一定程度上类似于函数。

$$y = f(x) \tag{2.1}$$

也就是说，我们给定一个x就会有一个确定的y。但这种描述方式存在缺陷。因为环境本身可能存在噪声，这使我们给定x的时候输出的值与y之间可能出现偏差，或者由于我们的模型本身复杂度不足以描述数据导致x与y之间可能出现偏差。回顾第 1 章所列举的超定方程的例子。我们在用直线拟合 4 个数据点的过程中由于直线形式较为简单，因此并不能完美地穿过所有的数据点，而只能近似。这种近似就是模型本身复杂度不足所引起的偏差。因此为了描述真实世界，引入概率是必要的。列举一个简单的例子：抛硬币。这是一个简单的随机事件，随机事件就是在重复试验中有规律地出现的事件。抛硬币只有两种情况{正面，反面}，这种由全体样本点组成的集合，称为样本空间，可以用大写字母表示。由于在抛硬币的过程中彼此之间并不影响，出现正面和反面的概率均是0.5，因此我们称样本是独立同分布的（Independent and Identically Distributed, IID）。

> 概率与频率
> 　　抛硬币过程中假设做了1 000次试验，出现了501次正面，那么此时出现正面的频率就是$\frac{501}{1000}$。而概率就是样本无穷大时的频率，代表了随机事件的特征。通常用p来表示概率——$p(x)$

在这个过程中我们并未获取任何知识，因为抛硬币试验本身就是一个等概率分布。从另外一个角度来讲，我们更加深入地研究了抛硬币的过程，获取了更多的特征，这里的特征指的是我们观测到抛硬币试验中抛硬币的高度、使用力气的大小、风速等一系列观测参数。此时我们再计算硬币正面的概率就是在这些条件下所得到的概率。

$$p(正面|高度,力度,风速,\cdots) \tag{2.2}$$

实际上式 (2.2) 就是一个条件概率，它代表了在我们观察到外界的情况下对抛硬币事件的预测。更加通用的条件概率书写形式如下。

$$p(y|x) \tag{2.3}$$

如果此时概率依然是0.5，那么代表我们实际上没有获取任何知识。如果我们通过一系列统计将预测硬币概率为0.9，那么代表我们是可以通过外界的观察而对随机事件进行有效预测的。这就是说我们从数据中发现了可用的知识，这是一个典型的机器学习过程。机器学习就是通过对观测数据进行分析，从而获取有用的知识。

如果抛硬币试验的样本空间是离散的，则只有两种情况。而对于其他情况，比如说某一电视机第一次损坏的时间，这个时间是连续的，这种称为连续型随机变量。离散型随机变量与连续型随机变量对应于机器学习的两个基本问题——分类问题与回归问题。连续型随机变量的概率仅在积分条件下有意义。

$$\int_a^b p(x)\,\mathrm{d}x \tag{2.4}$$

对于电视机损坏的问题而言，这代表从a时刻开始到b时刻之间损坏的概率。$p(x)$称为概率密度函数。概率密度函数符合下面的约束条件。

（1）$p(x) \geqslant 0$，概率不存在负值。

（2）$\int_{-\infty}^{+\infty} p(x)\,\mathrm{d}x = 1$，所有可能情况之和为1。离散类型随机变量需将积分改为求和。

如果有多个随机变量，则概率可以写为如下形式。

$$p(x_1,\cdots,x_n) \leftrightarrow p(x) \tag{2.5}$$

此时称为联合概率分布，其代表了 $x = (x_1, \cdots, x_n)$ 同时发生的概率。举一个简单的例子，我们有两枚硬币 A 和 B，硬币是不均匀的，A 出现正面概率是 0.6，B 出现正面概率是 0.7。那么可以将两枚硬币的联合概率写成如表 2.1 所示的形式。

表 2.1　两枚硬币试验中条件概率与边缘概率

	A=正面	A=反面	B 边缘概率
B=正面	$p(A,B)=0.42$	$p(A,B)=0.28$	$p(B)=0.42+0.28=0.7$
B=反面	$p(A,B)=0.18$	$p(A,B)=0.12$	$p(B)=0.18+0.12=0.3$
A 边缘概率	$p(A)=0.42+0.18=0.6$	$p(A)=0.28+0.12=0.4$	

由表 2.1 可以看到，对于独立试验而言，其概率是直接相乘的。抛硬币 A、B 这种独立试验假设也是朴素贝叶斯算法的基本假设。

$$p(x) = \Pi_i p(x_i) \tag{2.6}$$

其中涉及了新的概念——边缘概率。边缘概率就是根据概率的联合分布获取某一随机变量的分布。其形式如下。

$$p(x_1) = \int_R \mathrm{d}x_2 \cdots \int_R p(x_1, \cdots, x_n)\mathrm{d}x_n \tag{2.7}$$

对于条件概率和联合概率有如下公式。

$$p(y|x) = \frac{p(x,y)}{p(x)} \tag{2.8}$$

从另一个角度来讲，条件概率给定了某些事件的依赖关系，比如湿度过高会直接导致下雨，而下雨又与降温有直接关系，但温度降低和湿度之间没有明显的依赖关系。这种依赖关系可以通过图形化的方式来展示，如图 2.1 所示。

图 2.1　概率的有向图模型

如果湿度、下雨、降温三者之间没有明显的关系，也就是独立的事件，那么可以用式 (2.6) 进行联合概率的分解。但三者之间显然不是独立的。下雨在湿度确定的情况下是独立的，而降温则是在下雨的条件下是独立的。因此，概率分解方式应该为 $p(湿度，下雨，降温) = p(湿度)$ $p(下雨|湿度)p(降温|下雨)$。这种概率分解可以简化建模。

这称为概率图模型，它代表了随机变量的依赖关系。假设对于联合概率分布某些变量存在依赖关系，则其可以写为如下形式。

$$p(x_1, x_2, x_3, x_4) = p(x_1)p(x_2|x_1)p(x_3|x_2, x_1)p(x_4|x_3) \tag{2.9}$$

此时概率有向图的形式如图 2.2 所示。

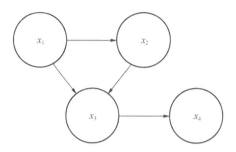

图 2.2 概率有向图模型

如果概率之间并无依赖关系，则可以用无向图来表示，如图 2.3 所示。

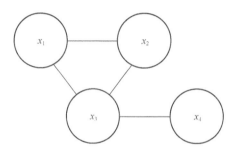

图 2.3 无向图表示的概率模型

此时概率可以分解为如下形式。

$$p(x_1, x_2, x_3, x_4) = \frac{1}{Z} \hat{p}(x_3, x_2, x_1) \, \hat{p}(x_4, x_3) \tag{2.10}$$

这称为概率无向图模型或马尔科夫随机场，其中 Z 是归一化常数。式 (2.10) 的分解依据为最大子团的分解。任意两个节点间均有线连接，而加入任意新节点均无法满足前面的条件，则称这种结构为最大子团。两种图模型均可以用来表示联合概率分解。这种图示对于表示来说是清晰直观的。

2.2　随机变量数字特征

对于随机变量本身，我们很难用确定性的公式来描述，因此可以借助随机变量的数字特征来描述变量内在特征。在机器学习中我们所关注的随机变量的数字特征主要有随机变量的数学期望、方差、标准差、协方差等。这其中最简单也是最重要的就是期望。期望的公式形式如下。

$$\mathbb{E}(x) = \mu(x) = \begin{cases} \sum_i p(x_i)x_i & \text{（对于离散型随机变量）} \\ \int_{-\infty}^{+\infty} xp(x)\mathrm{d}x & \text{（对于连续型随机变量）} \end{cases} \tag{2.11}$$

式 (2.11) 列举了两种随机变量的表示形式，一种是离散型随机变量，另一种是连续型随机变量。一般认为积分就是特殊形式的求和，因此两个公式并无本质区别。但这里需要说明的一点是，期望（Expected Value）与均值（Arithmetic Mean）是不同的。期望描绘的是数据的真实情况，是概率学内容；均值仅是对样本数据进行的统计，属于统计学范畴。在样本数量较多的情况下，由大数定理可以知道均值和样本相等。一般认为，样本均值是对期望的无偏估计。

$$\bar{x} = \frac{1}{N}\sum_i x_i \xrightarrow{\text{无偏估计}} \mu(x) \tag{2.12}$$

仅有数据均值是没有用的。对于样本本身分布而言还需要统计分布的离散程度，这种离散程度称为方差。方差（Variance）概念的产生就是为了描述变量的离散程度，其表达方式如下。

$$\mathrm{Var}(x) = \sigma^2(x) = \mathbb{E}[(x - \mathbb{E}[x])^2] \xleftarrow{\text{无偏估计}} \frac{\sum_{i=1}^{N}(x_i - \bar{x})}{N-1} \tag{2.13}$$

标准差是在方差的基础上开根号，其与方差可以一起用来描述数据的分布情况。为了说明问题，我们绘制图像来展示数据分布的描述方式，如图 2.4 所示。

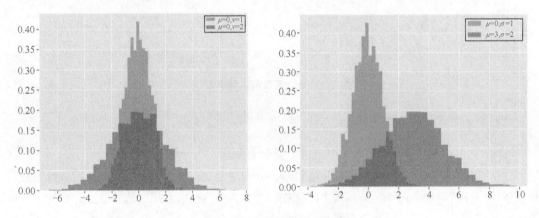

图 2.4　数据的不同方差图示

如果数据方差越大，则数据分布越分散。从统计条形图上可以看到，红色统计图数据标准差较大，因此看起来分布更加分散。

> 条形图
> 条形图用来描述数据的分布情况，数据 x 轴表示随机变量取值，纵轴表示在某一区间样本数量的多少。可以对条形图概率进行归一化，在大样本情况下归一化条形图描绘了样本的概率分布。

前面两个统计数据均值以及方差均是描绘了一维数据的特征。如果样本本身有两个属性，则可以通过协方差（Covariance）来描述数据两个属性之间的线性相关性。

$$Cov(x,y) = \mathbb{E}[(x - \mathbb{E}[x])(y - \mathbb{E}[y])] \tag{2.14}$$

这里x、y代表数据点的两个属性，如果将数据存储为二维矩阵，那么每一行代表一个样本，每一列代表数据的某一属性。此时x、y就是二维矩阵的列向量。如果对式 (2.14) 使用方差进行归一化，我们得到的就是两列数据之间的皮尔逊相关系数(Pearson Correlation Coefficient)。

$$\rho(x,y) = \frac{Cov(x,y)}{\sigma(x)\sigma(y)} \tag{2.15}$$

这种归一化表示是有益的，我们可以通过直接观察相关系数的取值来衡量两列之间的相关性，如图 2.5 所示。

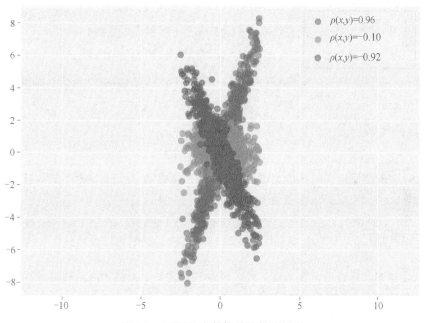

图 2.5　不同分布数据的线性相关性

由图 2.5 可知，如果两个列属性之间线性相关性较强，则其相关系数接近于 1 或者–1，否则接近于 0。

线性相关性

这里的线性相关性与第 1 章中的向量的相关性是类似的。如果两个向量（列向量）具有很强的线性相关性，则代表一个向量可以由另一个向量来表示：$v_1 = av_2 + b$。从另一个角度来讲，数据内部存在冗余，我们仅需要存储v_1即可表征v_2。

对于多维向量而言，其组织形式为矩阵：$A = [x_1, \cdots, x_m]$，其中 x 代表列向量，矩阵的每一行代表一个样本，每一列 x_i 代表样本的元素。对于这种数据，需要将协方差变为协方差矩阵（Convariance Matrix）来描述线性相关性。

$$Cov(A)_{ij} = Cov(x_i, x_j) \tag{2.16}$$

衍生算法：主成分分析（PCA）算法

它用来衡量样本各列之间的线性相关性，如果各列之间的线性相关性比较强，则意味着其中一列可以用另一列来表示。这种尽量减少各列数据的数据相关性的算法就称为 PCA 算法。PCA 算法可以有效地减少数据冗余，通常用于数据预处理过程。PCA 算法的基本思想的公式化描述如下。

$$Cov(B) = \frac{1}{m-1} B^{\mathrm{T}} \cdot B \to I_{mm} \tag{2.17}$$

假设 A 中每一列元素均值为 0，那么式 (2.17) 就能成立。由此现在的一个问题就是找到一个合适的变换矩阵 W 使得 A 能够变换为 B 的形式。也就是变换后使各列之间的线性相关性最小，这样协方差矩阵可以对角化，在此假设对 A 进行变换的方式为线性变换。

$$B = A \cdot W \tag{2.18}$$

要使变换后矩阵 B 可以用式 (2.17) 的形式对角化，可以对矩阵 $A^{\mathrm{T}}A$ 其进行特征值分解。

$$A^{\mathrm{T}}A = E\Lambda E^{\mathrm{T}} \tag{2.19}$$

此时仅需要使 $W = E$，那么变换后形式如下。

$$A \cdot E \to B^{\mathrm{T}} \cdot B = \Lambda^2 \tag{2.20}$$

式 (2.18) 中的变换矩阵 W 就是式 (2.19) 中的 E。PCA 算法实际上与矩阵的奇异值分解有很大程度的相似性，或者底层算法可以通用。

2.3 信息熵

信息论是概率与统计的衍生内容。很多时候我们需要对系统的混乱程度进行衡量，通常而言这是难以量化的，在热力学中引入了熵的概念。在物理学中系统总是趋于向熵增大的方向发展，也就是从有用的机械能到内能的转换，这种转换在孤立系统中是不可逆的。以一个形象的例子来说：两种颜色的沙子，在混合前是有规律的。而在将其混合后整个系统的混乱程度变得很高，如果要将两种颜色分开，需要人为挑选，这个过程需要做功。同样地，机器学习过程也是如此，在开始过程中系统输出是无规律的，我们需要进行训练使整个系统可以进行某种预测。为了衡量系统本身的复杂度，在信息论中引入了与热力学熵类似的信息熵。在了解信息熵之前，我们需要定义自信息。

$$I(x) = \log(1/p(x)) \tag{2.21}$$

自信息在信息学中是以 2 为底的 $\frac{1}{p(x)}$ 的对数，单位是 bit。这个概念比较容易理解，如果某一概率特别小的事件发生了，那么说明它带来了足够多的有用信息。对于某一变量而言，我们通常并不关心它的具体取值，而只是关注它的分布形式。对自信息取均值，就得到了信息熵，也称香农熵（Shannon Entropy），其可以用来衡量系统的混乱程度。

$$H(x) = \mathbb{E}_{p(x)}(I(x)) = \int_R p(x) \log(1/p(x)) \mathrm{d}x \tag{2.22}$$

这里如果 $p(x_i) = 0$ 或 1，那么 $p(x) \log\left(\frac{1}{p(x)}\right) = 0$，式 (2.21) 对于离散变量就可以写成求和形式。

这里以抛硬币来举例。如果在抛硬币的过程中，我们得到正反面的概率均为 0.5，前面说到这种情况是无法学到任何知识的，这种知识量化就是信息熵，计算公式如下。

$$H(\text{硬币}) = -p(\text{正面}) \log\big(p(\text{正面})\big) - p(\text{反面}) \log\big(p(\text{反面})\big) = 1 \tag{2.23}$$

前面说到，log 以 2 为底，单位是 bit。此时，对于硬币而言，用 1bit 信息就可以表示状态 0 或者 1。如果通过某种方式，我们预测得知正面概率变为了 1，则计算可得以下结果。

$$H(\text{硬币}) = -p(\text{正面}) \log\big(p(\text{正面})\big) - p(\text{反面}) \log\big(p(\text{反面})\big) = 0 \tag{2.24}$$

此时信息熵变小了，也就是系统混乱程度变小了。前面讲过我们可以通过一定条件预测出抛硬币的结果。此时我们从系统中学到了有用的知识，从而使系统混乱程度降低。以硬币正面概率作为变量，以熵作为函数，如图 2.6 所示。

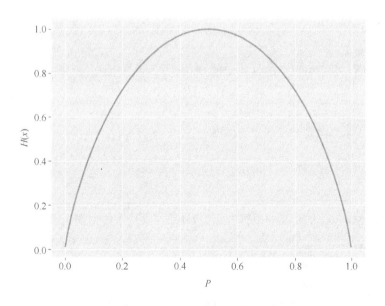

图 2.6　预测硬币正反概率所对应的信息熵

因此，机器学习过程就是从数据中寻找规律从而使系统熵变小的过程。

在机器学习中衡量两个分布相似度的概念是交叉熵（Cross Entropy）。

$$H(p,q) = \sum p(x_i)\log(1/q(x_i)) \tag{2.25}$$

这也是机器学习中常用的损失函数之一（损失函数我们放到后面详细描述）。相比传统的点的距离的损失函数，交叉熵在计算梯度的过程中通常更加有效。因此，交叉熵在处理多分类问题时是更加合理的选择。

Softmax

在机器学习中很多理论是基于概率的，但是在理论推演过程或者实现过程中它通常用函数$f(x)$来表示，其中x是输入样本，f是模型。在这个过程中，需要在概率与函数输出之间进行转换，其常用的形式如下。

$$p(x) = \frac{1}{Z}e^{mf(x)} \tag{2.26}$$

这里将模型输出转换为概率形式，$Z = \sum e^{mf(x)}$是归一化常数，m 为自定义常数（通常为 1）。这个过程称为 Softmax。对于多分类问题，我们给定的数据标签为 d，它是一个多维向量，每一个维度上都保存了可能属于某一类的概率。例如，对于年龄层划分[青年,中年,老年]的问题，数据标签可能为$d =[0.0,0.0,1.0]$，表示这个人属于老年的概率为 100%，这是因为我们在标注数据时可以确定这个人是老年人。这种编码方式称为 one-hot 编码。

这种编码方式是对应机器学习问题而产生的，因为如果用 1、2、3 来表示不同的年龄阶段，则可能难以训练。而预测输出 $y =[-2,10,1]$，显然并非概率的表示，因为概率表示不会存在负数，同时满足约束之和为 1。

对于第一个问题，我们可以通过 e 指数的方式解决。将 y 变为$[e^{-2},e^{10},e^{1}]$，之后再进行归一化$\left[\frac{e^{-2}}{e^{-2}+e^{10}+e^{1}},\frac{e^{10}}{e^{-2}+e^{10}+e^{1}},\frac{e^{1}}{e^{-2}+e^{10}+e^{1}}\right]$，整个过程称为 Softmax。它实际上解决的问题是将函数转换为概率表示，也是基于能量的模型。

$$softmax(x)_i = \frac{e^{x_i}}{\sum_j e^{x_j}} \tag{2.27}$$

之后就可以用 Softmax 的结果与原有的标签d计算交叉熵来作为损失函数。

2.4　概率模型下的线性变换

机器学习模型均可以通过概率的方式进行描述。对于上面所述的一系列变换过程，均可以描绘为概率生成模型。

$$h \sim p(h) \tag{2.28}$$

假设h是从某种分布p中抽取的向量，对于线性因子来讲，其生成过程如下。

$$x = W \cdot h + b + \varepsilon \tag{2.29}$$

式 (2.29) 中ε为噪声，那么它所描述的生成过程类似于如下公式。

$$p_{model}(x) = \mathbb{E}_h p_{model}(x|h) \tag{2.30}$$

式 (2.30) 描述的是线性变换的过程。因此很多线性变换可以描述成上述形式，这个过程如图 2.7 所示。

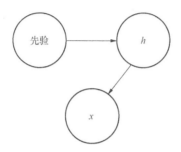

图 2.7　线性因子图示

对于 PCA 算法来讲，式 (2.28) 中的h是线性独立的。它的产生方式也是式 (2.30) 所描述的线性方式，而分布是单位分布。

$$h \sim N(0, I) \tag{2.31}$$

假设h的协方差矩阵为单位矩阵，则由其产生的x如下。

$$x \sim N(b, W \cdot W^{\mathrm{T}} + diag(\sigma^2)) \tag{2.32}$$

2.5　最大似然估计与最大后验估计

这里依然以抛硬币试验为例。记录n次随机试验$\Omega = \{\omega_1, \cdots, \omega_n\}$，硬币正面$A = \{a_1, \cdots, a_m\}$，出现正面的概率为$\theta$，从频率学派的观点来看，概率$\theta$应该是仅依赖于现有试验结果的，也就是通过数据取得的。

$$p(\Omega|\theta) \tag{2.33}$$

这个概率应该是令式 (2.33) 取最大值的概率。在假设了正面出现的概率后，假设试验是有顺序的同时也是独立重复的，那么可以计算出现随机试验情况下所得的概率。

$$p(\Omega|\theta) = \theta^m (1-\theta)^{n-m} \tag{2.34}$$

计算上述以θ为自变量的函数的最大值。

$$\hat{\theta} = \text{argmax}_\theta p(\Omega|\theta)$$
$$= \text{argmax}_\theta \Pi_i p(y_i|\theta)$$
$$= \text{argmax}_\theta \log(\Pi_i p(y_i|\theta)) \tag{2.35}$$
$$= \text{argmin}_\theta - \sum \log p(y_i|\theta)$$
$$= \text{argmin}_\theta - (m\log(\theta) + (n-m)\log(1-\theta))$$

令函数为如下形式。

$$f(\theta) = m\log(\theta) + (n-m)\log(1-\theta) \tag{2.36}$$

式 (2.36) 取得最小值时 $\theta = m/n$，由此认为取得正面的概率为 m/n。求解硬币取得正面概率的过程称为最大似然估计（MLE）。

贝叶斯学派则认为概率符合一个先验分布。这个先验分布可以纠正采样的偏差。

$$p(\theta|m) = \frac{p(m|\theta)p(\theta)}{p(m)} = \frac{p(m|\theta)p(\theta)}{\int p(m|\phi)d\phi} \tag{2.37}$$

在式 (2.37) 中
（1）$p(\theta|m)$ 为后验。
（2）$p(m|\theta)$ 为似然。
（3）$p(\theta)$ 为先验。
（4）先验概率+数据=后验概率。

先验概率是什么意思？假设为了估计此次投掷硬币为正面的概率，我先用自己的硬币做了 $n = 4$ 次实验，正面出现了 $m = 2$ 次，假设此时正面概率为 x，那么出现这种情况的概率如下。

$$p(x|n,m) = \frac{x^m(1-x)^{n-m}}{\text{constant}}$$
$$= \frac{\Gamma(n+2)}{\Gamma(m+1)\Gamma(n+1)}x^m(1-x)^{n-m} \tag{2.38}$$
$$= \frac{1}{B(m+1,n-m+1)}x^m(1-x)^{n-m} = 30x^2(1-x)^2$$

式 (2.38) 中 constant 为归一化常数，称为 Beta 函数。

$$B(m,n) = \int_0^1 x^{m-1}(1-x)^{n-1}dx \tag{2.39}$$

到此为止，我们都在描述 x 的分布，也就是硬币为正面概率的分布。可以看到使用我自己的硬币估计时，取得 0.5 的概率是最大的，如图 2.8 所示。

这个概率就可以作为我们的先验分布，它是概率的概率。以这个先验分布，我们去估计其他硬币的试验，假设使用另一枚硬币，抛 4 次，出现正面为 $p = 1$ 次，出现反面为 $q = 3$ 次，那么在贝叶斯理论下出现正面的概率如下。

$$p(\theta|p,q) = \frac{p(p,q|\theta)p(\theta)}{\int p(p,q|\phi)d\phi}$$
$$= \frac{\theta^{p+2}(1-\theta)^{q+2}}{\int \phi^{p+2}(1-\phi)^{q+2}d\phi} = \frac{\theta^3(1-\theta)^5}{\int \phi^3(1-\phi)^5 d\phi} \tag{2.40}$$

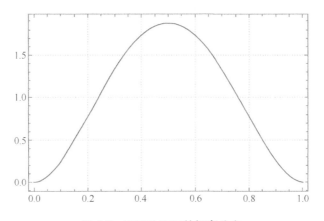

图 2.8 硬币为正面的概率分布

将式 (2.40) 绘制成图 2.9 所示的曲线。

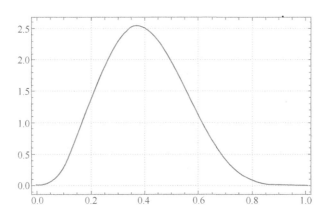

图 2.9 融入先验概率后计算的正面概率分布

此时硬币正面概率最大值为 0.375。这个数值很重要，我们以最大似然估计预测的硬币正面概率是 0.25。此时是没有先验分布的，如果引入了先验分布，则取得的正面概率应该为 0.375。而我们抛硬币的次数仅为 4 次，因此很大可能出现偏差，先验概率的引入则可以纠正这种偏差。从另一个角度来看相当于在最大似然估计的基础上加入了正则化项，这种估计称为最大后验估计（MAP）。

假设神经网络输出为h，通过 Softmax 处理。

$$\begin{cases} g_i = e^{h_i} \\ y_i = \frac{g_i}{\sum_j g_j} \end{cases} \rightarrow y_i = softmax(h_i) = \frac{e^{h_i}}{\sum_j e^{h_j}} \tag{2.41}$$

此时分类问题神经网络预测过程可以描述为，给定样本x后输出属于某一类的概率y，而神经网络的可训练参数为w。

$$p(y|x,w) \tag{2.42}$$

神经网络的训练过程则可以描述为如下形式。

$$\begin{aligned}
&\operatorname{argmax}_w p(d,y|x,w) \\
&= \operatorname{argmax}_w \Pi_i d_i \cdot y_i \\
&= \operatorname{argmax}_w \Pi_i d_i \cdot p(y_i|x,w) \\
&= \operatorname{argmax}_w \log \Pi_i d_i \cdot p(y_i|x,w) \\
&= \operatorname{argmin}_w \sum_i -d_i \cdot \log\big(p(y_i|x,w)\big)
\end{aligned} \tag{2.43}$$

式 (2.43) 中，d为 one-hot 形式的向量。可以看到，最大似然估计与交叉熵作为损失函数具有相同的意义。

2.6 常见分布

这里列举几种机器学习中的常见分布形式，包括伯努利分布（Bernouli Distribution，0—1 分布）、二项分布（Binomial Distribution）、均匀分布（Uniform Distribution）、正态分布（Normal Distribution；高斯分布，Gaussian Distribution）、贝塔分布（Beta Distribution）、狄利克雷分布（Dirichlet Distribution）。

对于伯努利分布而言，变量取值仅有两种情况。概率可以记为如下形式。

$$p(1)=p; p(0)=1-p; 0\leqslant p\leqslant 1 \tag{2.44}$$

如果我们用伯努利分布进行n次独立重复的采样，则伯努利分布概率记为p，将所有取值的和作为结果k，那么k符合如下二项分布。

$$p(k)=C_n^k p^k(1-p)^{n-k} \tag{2.45}$$

均匀分布是对于连续型随机样本而言的，其概率密度函数如下。

$$p(x)=\begin{cases} \frac{1}{b-a}, & a<x<b \\ 0, & 其他 \end{cases} \tag{2.46}$$

对于计算机而言，可以很容易地获取均匀分布的样本，其可以通过线性同余发生器来产生。

$$\begin{cases} X_0 = \text{seed} \\ X_{n+1}=(aX_n+c)\bmod m \end{cases} \tag{2.47}$$

线性同余发生器（Linear Congruential Genetator, LCG）产生的样本是迭代产生的，迭代初始值可以给定一个随机数种子，之后a、c、m是自定义的数值。LCG 可以应用于对随机数要求不高的场景。其他复杂分布可以由均匀分布产生，比如正态分布。正态分布是已知均值和方差情况下的最大熵分布，因此通常将其用于简化描述未知数据分布，其概率密度函数如下。

$$p(x) = \frac{1}{\sqrt{2\pi}\sigma}\exp\left(-\frac{(x-\mu)^2}{2\sigma^2}\right) \tag{2.48}$$

其中，μ、σ分别是数据的均值和方差，当其取值分别为 0 和 1 时称为标准正态分布。高斯分布很简单，我们只需知道样本的均值和方差就可以大致估计样本的分布情况。正态分布样本可以由均匀分布样本转变而来，这称之为 Box Muller Transform，其公式如下。

$$\begin{cases} Z_0 = \sqrt{-2\ln(X_1)}\cos(2\pi X_2) \\ Z_1 = \sqrt{-2\ln(X_1)}\sin(2\pi X_2) \end{cases} \tag{2.49}$$

这里X_1、X_2在 0~1 均匀分布，而Z_0、Z_1则是产生的标准正态分布样本。使用均匀分布样本来产生高斯分布样本的过程见代码清单 2.1。

代码清单 2.1 LCG+Box-Muller 产生标准正态分布随机数

```python
def LCG(length, seed=30):
    """
    线性同余发生器
    """
    sample = []
    a = 22695477
    c = 1
    m = 2**32
    xn = seed
    for _ in range(length):
        xn = (a * xn + c) % m
        sample.append(xn)
    return sample
def random(length, seed=30):
    """
    产生 0-1 均匀分布随机数
    """
    max_num = 10000
    sample = LCG(length, seed)
    sample = [itr%max_num+1 for itr in sample]
    return np.array(sample) / lim
x1 = random(6000, seed=21)
x2 = random(6000, seed=26)
print(np.mean(x1))
# Box-Muller transform, 产生标准正态分布样本
z0 = np.sqrt(-2 * np.log(x1)) * np.cos(2 * np.pi * x2)
z1 = np.sqrt(-2 * np.log(x1)) * np.cos(2 * np.pi * x2)
```

将产生的随机数进行统计分析，如图 2.10 所示。

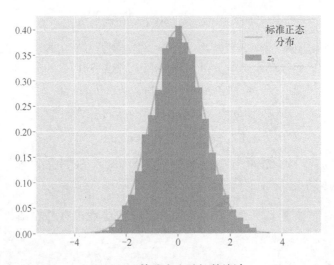

图 2.10　算法产生随机数统计

　　在前面抛硬币的试验中，我们定义了抛硬币概率的概率分布，这是概率的概率。为了描述这种概率，产生了贝塔分布。

$$p(x; \alpha, \beta) = \frac{x^{\alpha-1}(1-x)^{\beta-1}}{\int_0^1 \theta^{\alpha-1}(1-\theta)^{\beta-1}\mathrm{d}\theta} \tag{2.50}$$

　　贝塔分布可以作为样本空间只有两类时的先验概率。对于样本空间更多的情况，可以引入狄利克雷分布。

$$p(x_1, \cdots, x_k; \alpha_1, \cdots, \alpha_k) = \frac{1}{B(\alpha)}\prod_{i=1}^k x_i^{\alpha_i-1}$$
$$\sum_{i=1}^k x_i = 1, \forall x_i \geqslant 0 \tag{2.51}$$

　　这里，$B(\alpha)$ 是归一化常数。

$$B(\alpha) = \frac{\prod_{i=1}^k \Gamma(\alpha_i)}{\Gamma(\sum_{i=1}^K \alpha_i)}$$
$$\Gamma(x) = \int_0^{+\infty} t^{x-1}e^{-t}\mathrm{d}t \tag{2.52}$$

　　狄利克雷分布可以作为先验分布用于 LDA（Latent Dirichlet Allocation）算法中。

2.7　实践部分

　　本章实践环节我们来实现一个高斯环境下的贝叶斯分类器。这个例子很有启发性，其中蕴含了概率统计、概率分解、函数近似等诸多思想。现在来描述数据。对数据本身而言有两个属性，取值为连续型数值。数据分属于两类数据点。在这里，我们将两类数据点标于图 2.11 中。

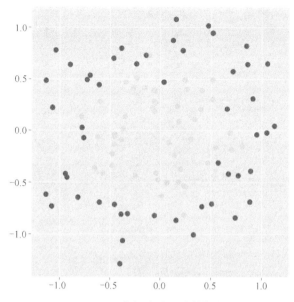

图 2.11　空间中的两类数据点

　　我们用朴素贝叶斯算法来对样本点进行分类。我们需要预测的是样本的类，因此可以写成条件概率的形式。

$$p(class|x) = \frac{p(x|class)p(class)}{z} \tag{2.53}$$

　　由于属于某一样本概率难以求解，因此这里利用贝叶斯理论将其转换为容易求解的式子。其中 Z 是归一化常数，$p(x|class)$ 是属于某一样本的先验概率，这个概率可以通过对样本的统计得到，比如 2 000 个样本中有 500 个属于第一类，那么属于第一类的先验概率就是 500/2 000。而贝叶斯算法的关键过程就是求解 $p(x|class)$。由于样本有两个属性，因此这是一个联合概率分布 $p(x_1, x_2|class)$，而所谓朴素贝叶斯算法的"朴素"在于我们假设各个属性之间是无关的，可以直接将概率分解如下。

$$p(x_1, x_2|class) = p(x_1|class)p(x_2|class) \tag{2.54}$$

　　因此我们仅需求解某一属性的分布即可，这里用到了一个非常重要的思想——近似。由于数据本身的分布可能非常复杂，因此我们假设这些分布均是高斯分布。在假设高斯分布的前提下数据近似分布就容易求解了。我们仅需统计某一类属性的均值和方差就可以对数据进行预测。而预测某一类的任务就完成了。在计算过程中有一个问题，就是在朴素假设下，概率是乘法的关系，在属性非常多的时候可能会遇到数值问题，因此我们对所有的计算均取对数，从而将乘法计算变为加法计算。

　　为了清晰展示算法过程，代码清单 2.2 仅用于展示二分类问题。对于多分类问题，请读者酌情修改。

代码清单 2.2　高斯环境下的朴素贝叶斯分类器

```python
import numpy as np
class NaiveBayes():
    """
    朴素贝叶斯算法
    fit 为训练方法
    predict_proba 为预测某一类概率的方法
    """
    def N(self, x, mu, std):
        """
        正态分布
        参数 x: 输入样本值
        参数 mu: 数据均值
        参数 std: 数据标准差
        返回值: 正态分布概率
        """
        par = 1/(np.sqrt(2*np.pi)*std)
        return par*np.exp(-(x-mu)**2/2/std**2)
    def logN(self, x):
        """
        正态分布对数
        """
        log_proba = []
        for itr_mu, itr_std in zip(self.mu, self.std):
            log_proba.append(np.log(self.N(x, itr_mu, itr_std)))
        return np.array(log_proba)
    def fit(self, X, y):
        """
        训练过程为对数据的统计
        参数 X: 训练数据
        参数 y: 数据标签
        """
        # 数据均值
        self.mu = []
        # 数据标准差
        self.std = []
        # 先验概率
        self.perior = []
        # 类别
        self.classes = set(y)
        self.n_class = len(self.classes)
        self.n_samples = len(X)
        for itr in self.classes:
            # 统计每一类的均值与方差
            X_class = X[y==itr]
```

```
            self.mu.append(np.mean(X_class))
            self.std.append(np.std(X_class))
            self.perior.append(len(X_class)/self.n_samples)
        self.perior = np.array(self.perior)
    def predict_proba(self, X):
        """
        预测过程
        参数 X: 样本
        返回: 属于某一类样本的概率
        """
        log_porba = self.logN(X)
        # 计算概率
        log_proba = np.sum(log_porba, axis=2).T + self.perior
        proba = np.exp(log_proba)
        # 归一化
        proba = proba/np.sum(proba, axis=1, keepdims=True)
        return proba
```

最终预测结果如图 2.12 所示。

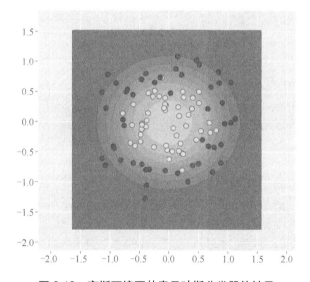

图 2.12　高斯环境下朴素贝叶斯分类器的结果

　　可以看到，利用贝叶斯算法可以对空间中的点完成分类任务。仅实现朴素贝叶斯算法并非最终目的。算法学习的目标是帮助读者理解机器学习中的近似、概率分解等思想。为了避免读者产生困惑，将测试部分代码一并给出，见代码清单 2.3。这里用 sklearn 来生成测试数据。

代码清单 2.3　朴素贝叶斯算法测试代码

```python
from sklearn.datasets import make_circles
# 生成测试数据
X, y = make_circles(noise=0.2, factor=0.5, random_state=1)

method = NaiveBayes()
method.fit(X, y)

import matplotlib.pyplot as plt
import matplotlib as mpl
import numpy as np
# 调整图像风格
mpl.style.use('ggplot')
# 定义 xy 网格，用于绘制等值线图
x_min, x_max = X[:, 0].min() - .5, X[:, 0].max() + .5
y_min, y_max = X[:, 1].min() - .5, X[:, 1].max() + .5
xx, yy = np.meshgrid(np.arange(x_min, x_max, 0.1),
                     np.arange(y_min, y_max, 0.1))
# 预测可能性
Z = method.predict_proba(np.c_[xx.ravel(), yy.ravel()])[:, 1]
Z = Z.reshape(xx.shape)
plt.contourf(xx, yy, Z, alpha=.8)
# 绘制散点图
plt.scatter(X[:, 0], X[:, 1], c=y, edgecolors='k')
plt.title("GaussianNaiveBayes")
plt.axis("equal")
plt.show()
```

2.8　小结

　　概率论是机器学习较常用到的数学工具，甚至于几乎所有的机器学习算法都是用概率来描述的。这需要我们理解其内部逻辑与合理性，并对概率与函数两种描述方式进行合理转换与理解。实际上这也是从概率学派与流形学派的角度看待机器学习问题。本章的记忆点为最大后验估计，它看似简单，实际上包含的原理远比公式更加宽泛，甚至于非监督学习也可以使用最大后验估计描述。

　　如果读者对概率论的相关内容依然不甚了解，或者有所困惑，仅需记忆信息熵部分即可。信息熵可以对多分类问题进行约束。其余部分可酌情略过，不必过分纠结于某一细节。

第 3 章
函数建模与优化

本章中我们将对机器学习中的关键问题——建模与优化进行详细阐述与解释。建模问题实际上代表了我们对真实世界的简化，这是非常重要的一步，其代表了我们对问题本身的理解。就像我们在看到二维空间中的数据点时会假设其是在一条直线上的，这条"直线"就是我们对问题的建模，它代表了数据点之间有简单的线性关系，深度学习建模过程是一个复杂的过程，就模型本身而言就非常复杂（经历很多的矩阵运算），而在此之上我们还需要考虑数据的依赖关系，这又需要我们以一种概率的方式去描述模型，因此深度学习建模非常考验我们对线性代数和概率论的熟悉程度。而优化问题则是将我们在建模过程中使用到的一系列变量调整为比较合适的数值，使我们可以对环境中的某些事物进行预测。

目前机器学习里常用的优化算法都是基于导数的，因此需要读者了解偏导数、链式求导等概念。至于深度学习与其建模过程，我们会在本书后面的部分逐步展开。对于本章知识点，希望读者认真阅读并理解，因为这是我们今后学习的基础。

3.1 函数与建模

机器学习问题描述应该是概率性的，因为我们在数据、模型、训练过程中均会引入不确定性。但在进行详细阐述的过程中我们会用比较熟悉的函数式语言来描述机器学习模型。严格来讲，这两种方式并没有本质区别。在阐述问题之前，我们先回顾函数的概念。函数可以写成如下的形式。

$$f(x) \tag{3.1}$$

通常会有人写成如下形式。

$$y = f(x) \tag{3.2}$$

注意，上面是一个等式，代表 y 与 x 存在着函数的关系。当然有人会写成 $y(x)$，表示 y 会随 x 的改变而改变，这就涉及了前面提到的空间的概念，它代表了二维空间中的一条曲线。此时可以将等式看成是一种约束，也就是说空间点的坐标 (x, y) 之间存在某种关系。而未加约束关系时，它可以表示空间中的任意一点，这种情况不带有任何有价值的信息，如果加入约束，则公式如下。

$$y = 1.1x \qquad (3.3)$$

它代表了x和y之间存在线性关系。这个描述比较抽象，如果我们将x看成是父亲的身高，而y看成是儿子的身高，它就代表了父子之间的身高存在线性关系。从另一个角度来说，我们学到了关于"父子身高关系"的知识。通常而言公式中给定的 1.1 是未知的，我们需要从大量的数据中学习到这个关系，这是一个典型的机器学习过程。而在此过程中我们会假定，父子身高之间的关系如下。

$$y = ax \qquad (3.4)$$

这里用到了未知数a。我们需要根据给定数据来求解a的取值，这称为优化过程。而我们在给定式 (3.4) 的过程中就已经认为父子身高符合一个线性关系，这是我们对父子身高问题所建立的模型。当然这个模型可能并不是非常合适，因为身高可能跟母亲也有关，由此建立了一个更加合理的模型。

$$y = ax_1 + bx_2 + c \qquad (3.5)$$

这里x_1、x_2分别代表父亲与母亲的身高。列举这个例子一方面帮助我们理解什么是建模和优化过程，而在我们深入地研究了身高之后才将模型由式 (3.4) 改为式 (3.5)，因此从另一方面来讲任何机器学习问题实际上都需要我们对问题本身进行系统的了解，这是必要的。

3.1.1 机器学习问题描述

前面说到的一个问题是，通常函数的具体形式是未知的，因此需要对函数进行求解与分析。式 (3.3) 是最简单也最理想的情况，其直接给定了函数，但是这也就没有了研究的意义。通常我们无法知道函数的具体形式。为了确定函数形式，会给定函数的约束。

（1）对于数值模拟与分析问题，我们会给定函数的微分、偏微分方程约束。所谓方程，就是等式，其形式如下。

$$\frac{\mathrm{d}f(t)}{\mathrm{d}t} = a(t) \qquad (3.6)$$

假设我们不知道具体的函数形式，但是知道其函数导数约束为式 (3.6)。这是一个典型的数值模拟问题，我们只知道函数的偏微分（微分）方程约束，而不知道函数的具体形式。如图 3.1 所示是一个例子。

图 3.1 是微分方程约束的空间曲线，空间中点坐标只有一个变量t，约束方程已经给定。在假设初始条件的情况下，我们可以将曲线完整地求解出来。

（2）对于曲线拟合与有监督机器学习问题而言，我们会给定样本约束。每个样本x会有一个预期输出$d(x)$，而此时所谓的方程就是使$f(x)$尽可能地接近$d(x)$，如图 3.2 所示。

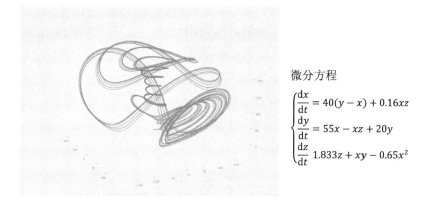

微分方程

$$\begin{cases} \dfrac{dx}{dt} = 40(y-x) + 0.16xz \\ \dfrac{dy}{dt} = 55x - xz + 20y \\ \dfrac{dz}{dt} = 1.833z + xy - 0.65x^2 \end{cases}$$

图 3.1　偏微分方程约束的空间曲线

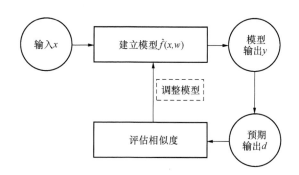

图 3.2　有监督机器学习的过程

　　有监督学习由于有预期输出，因此是机器学习中较为简单的问题，但这对于标注数据要求较多。目前大部分深度学习项目是有监督的机器学习过程。

　　（3）对于无监督机器学习问题而言，我们会假设样本x本身产生于某些隐藏变量h。比如在 PCA 算法中假设数据本身是产生于线性无关的变量的，如图 3.3 所示。

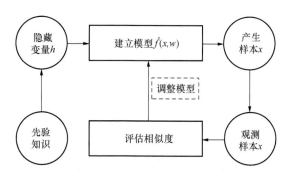

图 3.3　无监督机器学习的过程

在无监督机器学习过程中会假设样本产生于某一隐藏变量，同时给定隐藏变量先验，从而获取隐藏变量信息。这可能不太直观，这里列举一个更具体的例子。方阵 A 可以由 M、N、P 共 3 个矩阵相乘所得，即 $MPN = A$，由于矩阵相乘能得到 A 有无数种情况，因此对 M、N、P 加以限制。首先令 $N = M^{\mathrm{T}}$，之后假设 $M \cdot N = I$，这就使 M、N 本身为正交矩阵。最后限制 P 为对角矩阵，那么这就是对矩阵 A 的特征值分解。而在进行特征值分解的过程中所做的假设则可称为先验。这些先验通常都是根据需要设定的。

（4）对于增强学习问题而言，我们会将函数输出放到某一环境 $E\big(f(x)\big)$ 中，来观察输出是否与环境相适应，如图 3.4 所示。

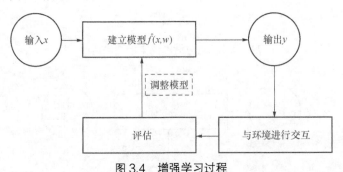

图 3.4　增强学习过程

对于增强学习而言，模型输入需要与环境进行交互后才能获取结果。这里没有一个显示的目标，因此可以称为半监督机器学习过程。

在几乎所有的机器学习问题中我们都需要用一个量来评价模型的好坏，并利用其来完成优化过程，这个量称为损失函数。举一个例子，在监督学习中，我们定义的损失函数为二范数。

$$L = \int_{-\infty}^{\infty}[d(x) - f(x)]^2 \mathrm{d}x \tag{3.7}$$

对于式 (3.6) 中的问题，有时可以得到像式 (3.3) 那样的形式，这种形式叫作解析解（参考高等数学微分方程的求解）。而机器学习通常无法获得函数的具体形式，因此需要对函数进行一定的假设，以减少计算代价，这就是建模过程。如果函数的形式都无法知道，则整个问题便无法求解。

现在的问题是，我们如何给定函数的近似形式。下面对这个问题进行阐述。

> 注意：式 (3.7) 是积分形式的表示，在离散情况下可以用求和形式表示。

3.1.2　函数的展开与建模

实际上整个深度学习过程就是一个假定模型并求解参数的过程。本节我们列举一种简单的建模方式：函数多项式展开。现在来看函数在某一点的展开。

$$f(x) = \sum_{i=0}^{N} \frac{1}{i!} f^{(i)}(x_0) \mathrm{d}x^i + O((\mathrm{d}x)^{N+1}) \approx f(x_0) + f'(x_0)(x - x_0) + \frac{1}{2} f(x_0)(x - x_0)^2 \tag{3.8}$$

这也就是说，假如我们知道函数在某一点x_0的多阶导数，就可以对函数在x_0附近给出一个近似的表示，当然导数知道得越多函数越接近。这种近似是最简单的近似。

如果已知数据不是一系列函数的导数而是一系列的数据点，这些点给定的方式为有序实数对的方式$H = (x_i, d_i)$，则这个问题可以对应 3.1.1 节中的第二个问题。此时如何对函数进行建模呢？我们可以将式 (3.8) 整理成关于x的函数。

$$f(x) \approx w_0 + w_1 x + w_2 x^2 \tag{3.9}$$

此时我们给定的函数形式为式 (3.9)，这就是对整个样本数据H所对应的函数f所假定的形式。需要做的是不断地调整w_0、w_1、w_2，使如下公式成立。

$$f(x_i) -> d_i \tag{3.10}$$

函数的输出尽可能地接近d_i。为了描述这种接近，需要给定评价的方式，比如以下的公式。

$$loss = \sum_i (f(x_i) - d_i)^2 \tag{3.11}$$

式 (3.11) 称为损失函数，式 (3.9) 是我们根据数据建立的函数模型。接下来的工作就是根据给定的数据不断调整w使$loss$越来越小，越来越小意味着f越来越接近d_i。上述过程看似简单，但如果把w_2项删掉，就是一个典型的线性回归问题。当然，这个结果不可能是精确的，只是得到一个相对接近的结果而已。因为真实函数f的情况我们并不知道，同时数据中可能存在噪声。机器学习的大部分问题没有一个精确的解，我们需要做的只是尽可能地接近数据。

3.2 优化问题

所谓优化问题，就是求解在建模中所用的待定系数[对于式 (3.9) 而言是$w = (w_0, w_1, w_2)$]，这就涉及了很多优化算法。优化的目标就是调整w使函数f与d更接近，这种接近表现为$loss$函数最小。

3.2.1 多元函数展开和梯度

在第 1 章中我们定义了一个多元函数以及其所在的几何空间，这同样适用于本章内容，同时本章中的多元函数均是在欧氏空间之中的，因此相比于现代几何中复杂的张量变换过程有很多的简化。比如在欧氏空间中梯度向量与速度向量的变换方式是相同的，因此这里我们将梯度和速度统称为向量是合适的。下面回顾多元函数的表示。

$$f(x_1, \cdots, x_n) = f(x) \tag{3.12}$$

在计算过程中多维函数的主要概念就是偏导数以及梯度，其中梯度的概念在整个深度神经网络的优化过程中最为重要。多元函数的梯度形式如下，一般来说梯度代表了函数变化率最高的方向。

$$\nabla f(x) = (\frac{\partial f}{\partial x_1}, \cdots, \frac{\partial f}{\partial x_n}) = g(x) \tag{3.13}$$

多维函数也有类似于式（3.8）的展开。

$$f(x) = f(x_0) + \nabla f(x_0) \cdot dx + \frac{1}{2} dx^T \cdot H \cdot dx + O(dx^3) \tag{3.14}$$

$$\begin{cases} dx = x - x_0 = [dx_1, \cdots, dx_n]^T \\ H_{ij} = \frac{\partial f^2}{\partial x_i \partial x_j} \end{cases} \tag{3.15}$$

式 (3.15) 中 H 称为海森矩阵（Hessian Matrix），与之对应的就是式 (3.8) 中一次函数的二次导数项。由于它是多维函数，因此由导数变为了偏导数。

3.2.2　无约束最优化问题

本节中我们讲解无约束最优化问题。使用函数来理解，就是求解函数最小值的问题。

$$\min_{x \in \mathbb{R}^n} f(x) \tag{3.16}$$

我们在计算机科学中求解函数最小值都是基于迭代的，选取一个初始点，之后每次迭代都使其相比于前一步有所减小，公式如下。

$$\begin{aligned} x_{n+1} &= x_n + \Delta x \\ f(x_{n+1}) &< f(x_n) \end{aligned} \tag{3.17}$$

这里的一个问题是如何选取 Δx 才能使 $f(x)$ 不断减小。回顾式 (3.14) 的函数展开，如果 Δx 是一个比较小的数，则将公式展开到一次项。

$$f(x_{n+1}) \approx f(x_n) + \nabla f \Delta x \tag{3.18}$$

此时取 $\Delta x = -\eta \nabla f^T$。

$$\begin{aligned} f(x_{n+1}) &\approx f(x_n) - \eta \Delta f^2 \\ &\to f(x_{n+1}) < f(x_n) \end{aligned} \tag{3.19}$$

如果 Δx 在函数的负梯度方向上，就可以使函数不断地减小。这里 η 称为学习率。这就是一种简单且非常有效的学习策略，称为梯度下降法。为了说明问题，我们来求解一个二元函数的最小值。

$$f(x, y) = x^2 + x + y^2 \tag{3.20}$$

首先需要计算梯度。

$$\nabla f(x, y) = [2x + 1, 2x]^T \tag{3.21}$$

之后执行迭代过程，x_0、y_0 可以随机生成。

$$[x_{n+1}, y_{n+1}] = -\eta \nabla f \tag{3.22}$$

程序见代码清单 3.1。对于不同的学习率，迭代收敛过程可参考迭代结果。

代码清单 3.1 迭代算法实例

```
# 求解函数极小值
def func(x1, x2):
    """
    定义函数
    y=f(x1, x2)
    """
    return x1**2 + 1 * x1 + x2**2
def grad(x1, x2):
    """
    定义函数梯度
    返回为函数梯度
    """
    return 2*x1 + 1, 2*x2


# 定义初始值
xn, yn = 1, 1
# 定义学习率
eta = 0.6
for setp in range(10):
    # 迭代过程
    gx, gy = grad(xn, yn)
    xn -= eta * gx
    yn -= eta * gy
    print("step%d:f(%5.2f,%5.2f)=%5.2f"%(setp, xn, yn, func(xn, yn))))
```

$\eta = 0.6$时程序执行结果如下。

```
step0:f(-0.80,-0.20)=-0.12
step1:f(-0.44, 0.04)=-0.24
step2:f(-0.51,-0.01)=-0.25
step3:f(-0.50, 0.00)=-0.25
step4:f(-0.50,-0.00)=-0.25
step5:f(-0.50, 0.00)=-0.25
step6:f(-0.50,-0.00)=-0.25
step7:f(-0.50, 0.00)=-0.25
step8:f(-0.50,-0.00)=-0.25
step9:f(-0.50, 0.00)=-0.25
```

$\eta = 0.01$时程序执行结果（迭代收敛缓慢）如下。

```
step9:f(0.73, 0.82)= 1.92
```

$\eta = 3$时程序执行结果（迭代发散）如下。

```
step9:f(14648437.00,9765625.00)=309944152832031.00
```

这里需要说明的一个问题是，在机器学习中学习率是一个关键参数，其选择的好坏直接决定了迭代过程的收敛速度，选择过小的学习率会使迭代收敛缓慢，而选择过大的学习率会使迭代发散。我们将迭代过程绘制成三维图像，如图 3.5 所示。

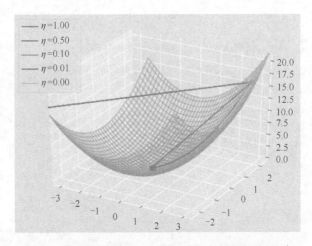

图 3.5　不同的学习率在寻找函数最小值时的迭代过程

可以看到选择合适的学习率可以显著地加快学习速度，而函数本身也仅有一个极小值，这种函数为凸函数。在数学中凸函数有着明确的定义，以一元函数为例。

$$f(tx_1 + (1 - t)x_2) \leqslant tf(x_1) + (1 - t)f(x_2), \forall x_1, x_2 \in R, \forall t \in [0,1] \tag{3.23}$$

形象化地理解凸函数即可。在一些问题中，我们所遇到的函数并非是一个凸函数，比如函数本身存在多个极小值，如图 3.6 所示。

在解决优化问题的过程中经常遇到的问题是局部极小与全局极小。通常而言，函数可能有多个局部极小值，而全局最小值只有一个。梯度迭代过程中遇到局部极小值会让函数并非收敛于一个合理的取值范围，这可以通过给定不同初始值来解决。但在深度学习中我们可能并不太关注收敛的点是局部极小值还是全局最小值，因为局部极小值已经足够用来约束模型了，那么我们可以接受这种局部极小值，而全局最小值通常而言对应的是过拟合点。深度学习中遇到鞍点的问题可能比局部极小值更加严重，在遇到鞍点的过程中梯度趋近于 0，此时很难对训练的方向有一个合理的计算，如图 3.7 所示。

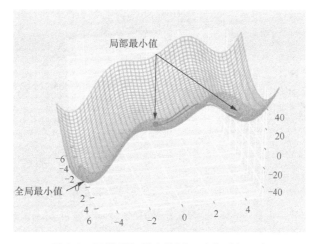

图 3.6 函数局部最小值以及迭代过程示意

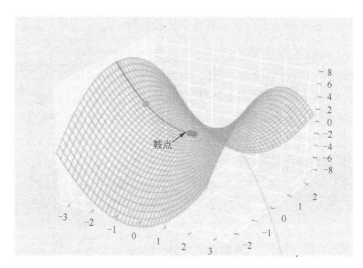

图 3.7 鞍点示意图

鞍点是深度学习中常遇到的问题，问题本身比较难以解决，其表现与局部最小值类似，函数计算梯度接近 0，迭代无法有效进行。

3.2.3 约束最优化问题提出

约束最优化问题是在原有无约束最优化问题的基础上加入了约束条件。

49

$$\begin{cases} \min_{x \in \mathbb{R}^n} f(x) \\ s.t. g_i(x) \leqslant 0, i = 1, \cdots, m \\ h_j(x) = 0, j = 1, \cdots, n \end{cases} \tag{3.24}$$

约束包括不等式约束和等式约束。其中 f、g、h 均为连续可微函数。为了便于计算，通常使用广义拉格朗日函数来将函数和约束集中到一个函数之中。

$$\mathcal{L}(x, \lambda, \mu) = f(x) + \sum_{i=1}^{m} \lambda_i g_i(x) + \sum_{j=1}^{n} \mu_j h_j(x) \tag{3.25}$$

定义如下的函数。

$$\alpha(x) = \max_{\lambda, \mu; \lambda \geqslant 0} \mathcal{L}(x, \lambda, \mu) \tag{3.26}$$

在不满足约束条件时，$\alpha \to +\infty$；而满足约束条件时，$\alpha(x) = f(x)$。由此考虑极小值问题。

$$\min_x \alpha(x) = \min_x \max_{\lambda, \mu; \lambda \geqslant 0} \mathcal{L}(x, \lambda, \mu) \tag{3.27}$$

由此就将求解原始函数的最优化问题，转换为求解拉格朗日函数的极小极大值问题。但这个问题依然相对难以求解，因此在此将其转换为对偶问题。

$$\max_{\lambda, \mu; \lambda \geqslant 0} \beta(\lambda, \mu) \max_{\lambda, \mu; \lambda \geqslant 0} \min_x \mathcal{L}(x, \lambda, \mu) \tag{3.28}$$

$$\beta(\lambda, \mu) = \min_x \mathcal{L}(x, \lambda, \mu) \leqslant \mathcal{L}(x, \lambda, \mu) \leqslant \max_{\lambda, \mu; \lambda \geqslant 0} \mathcal{L}(x, \lambda, \mu) = \alpha(x) \tag{3.29}$$

$$\max_{\lambda, \mu; \lambda \geqslant 0} \beta(\lambda, \mu) \leqslant \min_x \alpha(x) \tag{3.30}$$

对于式 (3.27) 的极小极大值问题与式 (3.28) 极大极小值的对偶问题而言，如果满足 Karush-Kuhn-Tucker（卡鲁什—库思—塔克，KKT）条件，那么式 (3.30) 等号成立。此时解 x^*、λ^*、μ^* 既是原问题，又是对偶问题的最优解。KKT 条件记为如下形式。

$$\begin{cases} \nabla_x L(x^*, \lambda^*, \mu^*) = 0 \\ \nabla_\lambda L(x^*, \lambda^*, \mu^*) = 0 \\ \nabla_\mu L(x^*, \lambda^*, \mu^*) = 0 \\ \lambda_i^* g_i(x^*) = 0, i = 1, \cdots, m \\ g_i(x^*) \leqslant 0, i = 1, \cdots, m \\ \lambda_i^* \geqslant 0, i = 1, \cdots, m \\ h_i(x^*) = 0, j = 1, \cdots, n \end{cases} \tag{3.31}$$

约束最优化问题在支持向量机（SVM）、最大熵问题中均有所应用，而对于深度学习来说可以作为了解部分。本章将对约束最优化问题列举几个实例，目的在于帮助读者更好理解约束最优化理论，同时熟练使用基于导数求解最小值的方法。

3.2.4 等式约束的最优化问题示例

本节将列举一种简单的等式约束的最优化问题。希望熟悉程序推演的读者可以参考推演过程。本章中需要求解的约束最优化问题如下。

$$f(x_1, x_2) = x_1^2 + 2x_1 + x_2^2$$
$$\text{s.t. } x_1 + x_2 - 1 = 1 \tag{3.32}$$

绘制此问题如图 3.8 所示。

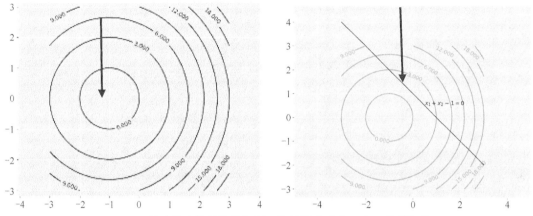

图 3.8 等式约束的最优化问题，等值线为式 (3.32) 函数的取值

建立拉格朗日函数。

$$\mathcal{L} = x_1^2 + x_2^2 + 2x_1 + \mu_1(x_1 + x_2 - 1) \tag{3.33}$$

在极值点 x 满足以下条件。

$$\nabla_x \mathcal{L} = \begin{bmatrix} 2x_1 + 2 + \mu_1 \\ 2x_2 + \mu_1 \end{bmatrix} = 0 \tag{3.34}$$

得到两个等式后代入原拉格朗日方程。

$$\nabla_\mu = x_1 + x_2 - 1 = 0 \tag{3.35}$$

由此可以求解方程如下。

$$\begin{cases} x_1 = 0 \\ x_2 = 1 \\ \mu_1 = -2 \end{cases} \tag{3.36}$$

由此，约束问题在(1,0)点取得极小值。此时可知同时满足 KKT 条件。

3.2.5　不等式约束的最优化问题示例

在本例中主要展示两种情况。第一种情况，函数取得最小值时不等式小于 0；第二种情况，函数取得最小值时不等式取得等号。此例主要展示 KKT 条件的作用。两个问题如下。

$$问题1\begin{cases} f(x_1,x_2)=x_1^2+2x_1+x_2^2 \\ \text{s.t.} x_1+x_2-1\leq 0 \end{cases}$$
$$问题2\begin{cases} f(x_1,x_2)=x_1^2+2x_1+x_2^2 \\ \text{s.t.} x_1+x_2-1\geq 0 \end{cases} \tag{3.37}$$

将上述约束最优化问题绘制成图 3.9。

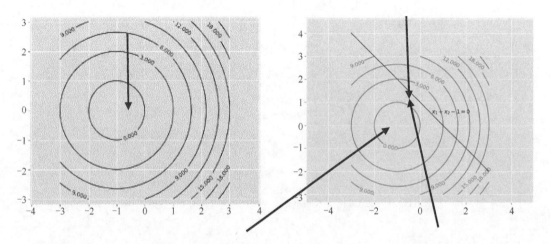

图 3.9　不等式约束的最优化问题图示，等值线为式（3.37）函数的取值

对于问题 1，建立拉格朗日函数。

$$\mathcal{L}(x,\lambda)=x_1^2+x_2^2+2x_1+\lambda_1(x_1+x_2-1) \tag{3.38}$$

同样，经过上述偏导数计算，结果如下。

$$\begin{cases} x_1=0 \\ x_2=1 \\ \lambda_1=-2 \end{cases} \tag{3.39}$$

此时就有问题产生了。由 KKT 条件可以知道，不等式约束应当小于等于 0，同时 $\lambda \geq 0$，但是计算得到的 $\lambda_1=-2$ 显然不符合 KKT 条件，为了满足 KKT 条件，应使 $\lambda_1=0$，此时计算所得结果如下。

$$\begin{cases} x_1=-1 \\ x_2=0 \\ \lambda_1=0 \end{cases} \tag{3.40}$$

对于问题 2，由于不等式大于等于 0，因此两边同时乘以 −1，使其满足 KKT 条件，此时拉格朗日函数变为如下的形式。

$$\mathcal{L}(x,\lambda)=x_1^2+x_2^2+2x_1-\lambda_1(x_1+x_2-1) \tag{3.41}$$

同样地，经过上述偏导数计算可得以下结果。

$$\begin{cases} x_1 = 0 \\ x_2 = 1 \\ \lambda_1 = 2 \end{cases} \tag{3.42}$$

计算所得满足 KKT 条件，因此是问题解。可以看到，只有 $\lambda \neq 0$ 时不等式的等号才能取到。

3.2.6 约束最优化与最大熵

本节中将使用拉格朗日数乘法来计算最大熵问题。这里用到的一个概念就是泛函，泛函就是函数的函数，属于函数概念的扩充，在计算过程中我们可以将其当作变量使用。下面以计算最大熵过程进行说明。

问题：假设我们已知均值和期望，那么求解最大熵情况下的数据分布。

假设数据分布为函数 $p(x)$，那么将上述问题写成如下形式。

$$\min_{p(x)} \int_{\mathbb{R}} p(x) \ln(p(x)) \mathrm{d}x$$
$$\text{s.t.} \begin{cases} \int_{\mathbb{R}} p(x) \mathrm{d}x = 1 \\ \int_{\mathbb{R}} x p(x) \mathrm{d}x = \mu \\ \int_{\mathbb{R}} p(x)(x - \mathbb{E}(x))^2 \mathrm{d}x = \sigma \end{cases} \tag{3.43}$$

上述优化问题所对应的拉格朗日函数如下。

$$\mathcal{L}(p, \mu) = \int_{\mathbb{R}} (p\ln p + \mu_1 p + \mu_2 xp + \mu_3 p(x - \mathbb{E}(x))^2) \mathrm{d}x \tag{3.44}$$

这里可以看到，拉格朗日函数本身为 p 的函数，而 p 本身又是 x 的函数，因此这种问题为泛函问题。我们依然用前面的求解方法进行求解。这里有一个问题需要说明，实际上常数项对于求解没有影响，因此约束右边在形成拉格朗日函数时未计入计算。拉格朗日函数求偏导数如下。

$$\nabla_p \mathcal{L}(p, \mu) = \int_{\mathbb{R}} (1 + \ln p + \mu_1 + \mu_2 x + \mu_3 (x - \mathbb{E}(x))^2) \mathrm{d}x = 0 \tag{3.45}$$

p 满足以下条件。

$$p(x) = \exp(-1 + \mu_1 + \mu_2 x + \mu_3 (x - \mathbb{E}(x))^2) \tag{3.46}$$

通过约束条件可以计算 μ，这个过程读者可自行计算。最终得到的结果如下。

$$p(x) = \frac{1}{\sqrt{2\pi}\sigma} \exp\left(-\frac{(x - \mathbb{E}(x))^2}{2\sigma^2}\right) \tag{3.47}$$

这是高斯分布，因此在知道数据均值和方差时，满足的最大熵分布就是高斯分布。

3.3 损失函数的多元函数表示

式 (3.11) 中描述了损失函数，而在式 (3.7) 的问题中可以将损失函数写为如下形式。

$$loss(x, d; w_0, w_1, w_2) \rightarrow \mathcal{L}(w) \tag{3.48}$$

虽然函数 f 只有一个自变量 x，但是对于机器学习问题来讲，我们需要确定的量为 w，因此损失函数有两套变量体系。在对所建立的模型求解的过程中，需要调整的变量为 (w_0, w_1, w_2)。因此对于优化问题而言其自变量为 w。而在训练完成之后，我们输入 x 来获取 y。这是预测过程，自变量为 x。优化问题是一个多维函数的问题。

3.3.1 基于梯度的优化算法

前面在描述无约束最优化过程中讲到，所有的机器学习算法都是一个迭代的过程。因此需要给定一个初始的 $w \rightarrow w_0$，循环加入一个增量 dw。整个算法过程描述如下。

梯度下降法迭代过程

设定参数学习率 η

循环：当 L 足够小或者 dw 足够小时

　　获取一批样本 (x, d)

　　定义 $L = loss(x, d; w)$

　　计算平均梯度（每个样本均计算一个梯度）$g = \overline{\nabla_w L}$

　　$dw = -\eta g$

　　$w = w + dw$

这里关键的部分是对 dw 的计算，其中用到了前面提到的梯度。同样地，这里依然使用函数的负梯度方向作为优化方向。

$$dw = -\eta \nabla_w L(x, d; w) \tag{3.49}$$

其中 η 称为学习率，这是在迭代前给定的一个数值。这个算法称为梯度下降法，有人形象地将该算法描述为小球下山的过程。以式（3.9）为例，对 w 求梯度。

$$\nabla_w L(w) = ((f-d), (f-d)x, (f-d)x^2) \tag{3.50}$$

从伪代码中可以看到其中有一个选择样本的过程，这个过程是随机的。观察式 (3.50)，会发现此时计算的梯度与前面的约束最优化过程有些不同，这里计算的梯度是与样本有关的，因此每次输入不同样本所计算的梯度可能不尽相同，此时的梯度带有很大的随机性，称为随机梯度下降法。

为了减少这种随机性，需要一次选择多个样本进行学习，在计算梯度后取平均。这种方法称为批学习，选择的样本数量称为批尺寸（BatchSize）。理论证明，随机选取一定数量的样本计算梯度与一次选取所有样本计算梯度，均会使模型收敛（$loss$函数很小，函数可以很好地描述数据x、d）。当然，现在几乎已经可以根据描述完成式 (3.11) 的优化过程了。此时梯度描述如下。

$$\mathrm{d}w = -\eta \mathbb{E}(\nabla_w L(x, d; w)) \tag{3.51}$$

3.3.2 动量加入

显然，每次仅计算梯度作为下降方向，其变化太突然了。这会在训练过程中引发问题，因此加入了动量的概念。

$$\mathrm{d}w^t = \lambda \mathrm{d}w^{t-1} - \eta \mathbb{E}(\nabla_w L(x, d; w)) \tag{3.52}$$

这是在计算$\mathrm{d}w$的过程中按一定比例保留上一步计算的$\mathrm{d}w$，这种方法为带动量的随机梯度下降法。

带动量的随机梯度下降法

设定参数学习率η

设定动量衰减系数β

循环：当 L 足够小或者 $\mathrm{d}w$ 足够小时

　　获取一批样本(x, d)

　　定义$L = loss(x, d; w)$

　　计算平均梯度（每个样本均计算一个梯度）$g = \overline{\nabla_w L}$

　　$v = \beta v - \eta g$

　　$w = w + v$

3.3.3 AdaGrad 与 Adam 算法

在优化算法中，学习率难以给定，因此很多优化策略的关注点在于如何改进学习率。比较有代表性的就是模拟退火算法，该算法可以使学习率随着迭代不断减少。另外一个有代表性的算法是学习率为历史梯度平方根之和的倒数，这个算法称为 AdaGrad。

AdaGrad 算法迭代过程

设定参数学习率η

循环：当 L 足够小或者 $\mathrm{d}w$ 足够小时

　　获取一批样本(x, d)

　　定义$L = loss(x, d; w)$

计算平均梯度（每个样本均计算一个梯度）$g = \overline{\nabla_w L}$

$r = r + g \cdot g$

$\mathrm{d}w = -\frac{\eta}{\varepsilon + \sqrt{r}} \cdot g$

$w = w + \mathrm{d}w$

这里在迭代过程中r是累积的，这就使在收敛之前整个函数的学习率变得很小。因此应该适当抛弃历史迭代过程中所产生的梯度平方。由此产生出了 RMSProp 迭代算法。

RMSProp 算法迭代过程

设定参数学习率η

设定参数衰减系数β

循环：当 L 足够小或者 $\mathrm{d}w$ 足够小时

    获取一批样本(x, d)

    定义$L = loss(x, d; w)$

    计算平均梯度（每个样本均计算一个梯度） $g = \overline{\nabla_w L}$

    改进点在于：$r = \beta r + (1 - \beta)g \cdot g$

    $\mathrm{d}w = -\frac{\eta}{\varepsilon + \sqrt{r}} \cdot g$

    $w = w + \mathrm{d}w$

在梯度迭代过程中，实际上在梯度之上也可以引入历史结果。这就引出了 Adam 算法。这个算法对于超参数的选取具有很好的鲁棒性。

Adam 算法迭代过程

设定参数学习率η

设定衰减系数β_1、β_2（两者取值推荐为 0.9、0.999）

设定初始迭代 $m = v = 0$

循环：当 L 足够小或者 $\mathrm{d}w$ 足够小时

    t 为迭代步

    获取一批样本(x, d)

    定义$L = loss(x, d; w)$

    计算平均梯度（每个样本均计算一个梯度）$g = \overline{\nabla_w L}$

    Adam 算法梯度包含了动量：$v = \beta_1 v + (1 - \beta_1)g$

    Adam 算法中依然包含此项：$r = \beta_2 r + (1 - \beta_2)g \cdot g$

    对v进行修正：$v = \frac{v}{1 - \beta_1^t}$

    对r进行修正：$r = \frac{r}{1 - \beta_2^t}$

    $\mathrm{d}w = -\frac{\eta}{\varepsilon + \sqrt{r}} \cdot v$

    $w = w + \mathrm{d}w$

目前，应用较多的是 Adam 算法，其在大部分场景中表现出了很好的性能。
二阶矩阵优化算法在此不进行讨论。

3.4　过拟合与欠拟合问题

3.4.1　问题阐述

本节中我们将了解什么是过拟合与欠拟合。之所以将其独立提出来，是因为在深度学习中过拟合与欠拟合问题几乎是每个模型都会遇到的。由于深度学习中的模型较为复杂，因此几乎总是伴随着过拟合，而在数据大量累积之前，很多优化方向是如何避免过拟合的呢？下面先来看一看什么是过拟合问题。为了演示过拟合与欠拟合问题，这里提供几个可训练样本，样本形式为(x, d)。如果将x和d表示为二维坐标，可以绘制成如图 3.10 所示的样子。

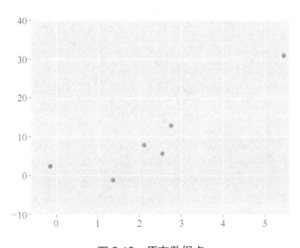

图 3.10　原有数据点

对于上述数据而言，我们可以建立如下模型。

$$y = w_1 + w_2 x + w_3 x^2 + w_4 x^3 + w_5 x^4 + w_6 x^5 \tag{3.53}$$

相似度标准为二范数。

$$loss = \mathbb{E}\left(\left\| y_i - d_i \right\|\right) \tag{3.54}$$

这种拟合称为最小二乘法。绘制的拟合曲线如图 3.11 所示。

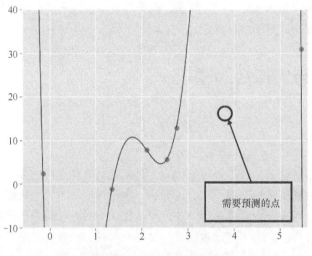

图 3.11　过拟合问题演示

　　由图像可知，由于我们建立的模型足够复杂（6 个可训练参数），而样本数量只有 6 个，因此我们得到的曲线可以完美地通过每一个数据点，但我们目标并不在于此，而是预测未知数据点，此时通过既有模型来预测可能无法得到可用结果，这种情况对应于过拟合。

　　可以看到模型过拟合是由于可训练参数过多而样本数量有限造成的，因此我们将模型简化。

$$y = w_1 + w_2\, x \tag{3.55}$$

再次训练得到的结果如图 3.12 所示。

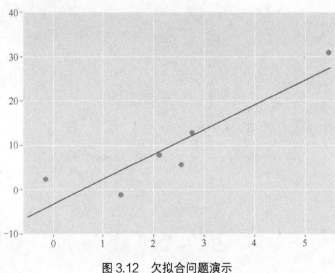

图 3.12　欠拟合问题演示

这是简化后所得的结果，可以看到，由于模型本身过于简单，因此虽然得到了数据的大致趋势，但是对于数据点本身拟合也出现了偏差。这种情况称为欠拟合。这是由于建模过于简单而导致的。

3.4.2 过拟合与欠拟合判断

对于过拟合与欠拟合问题，可以通过损失函数来判断。

对于过拟合问题，可以看到模型本身由于训练数据拟合较好，因此对于测试集数据可能预测效果较差。这里提到了训练集与测试集，在机器学习中可以将一部分样本作为训练集，另一部分样本作为测试集。如图 3.13 所示。

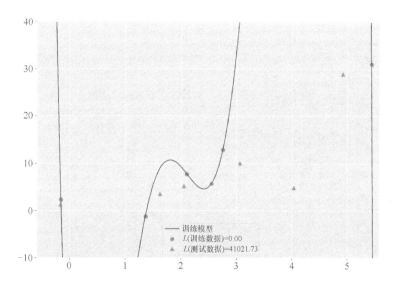

图 3.13　训练数据、测试数据与过拟合模型

可以看到，由于模型本身通过了每一个训练数据点，因此损失函数很小。而对于测试数据损失函数很大。我们可以通过这种方式来判断模型是否过拟合。

对于欠拟合模型，来看一下如图 3.14 所示的结果。

可以看到对于过拟合模型，测试数据和训练数据的损失函数均较大。当我们适当增加模型复杂度时，结果如图 3.15 所示。

如果适当增加模型的复杂度，则可以得到一个对于训练数据和测试数据均拟合较好的模型，此时两种损失函数均较小，这种模型是我们所需要的，如表 3.1 所示。

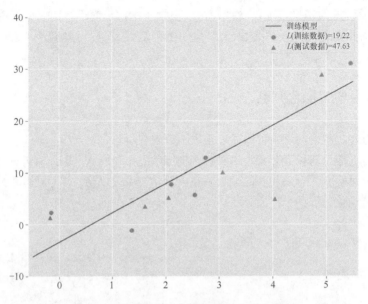

图 3.14　训练数据、测试数据与欠拟合模型

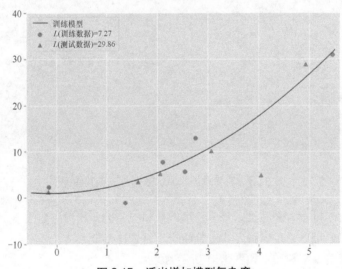

图 3.15　适当增加模型复杂度

表 3.1　损失函数与过拟合欠拟合

L（训练数据）	L（测试数据）	结果
较小	较大	模型过拟合
较大	较大	模型欠拟合
较小	较小	所需结果
较大	较小	无此种情况

表中的较小、较大都是在相对含义下才有意义，并无一个绝对的取值。而通过损失函数来判断模型是过拟合还是欠拟合，是我们应当具备的基本技能。

3.5 集成学习

在学习过拟合和欠拟合后，首先想到的就是如何避免过拟合问题。神经网络以及其他一切深度学习方法都在权衡的一个问题，就是过拟合与欠拟合。

3.5.1 方差和偏差

偏差和方差指的是机器学习中的两个概念。在模型中进行预测与真实值之间会有误差，而这个误差可以分为两个部分。这里做两个假设。

$$\begin{cases} 真实数据关系： d = f(x) + \varepsilon \\ 模型假设关系： y = \hat{f}(x) \end{cases} \tag{3.56}$$

式 (3.56) 中真实数据的函数 $f(x)$ 是不可知的，因此我们会假设一个函数 $\hat{f}$ 去拟合训练数据。模型本身在观测真实数据时也会有噪声 ε，噪声的均值是 0。我们选择对不同的训练集使用相同的建模来训练多个函数 $\hat{f}_1, \cdots, \hat{f}_n$，那么在测试集上数据点 x_0 处会产生误差 Err。

$$Err(x_0) = \mathbb{E}((\mathrm{d} - \hat{f})^2) \tag{3.57}$$

在计算中添加 $\mu = \mathbb{E}(\hat{f})$ 项。

$$\begin{aligned} Err &= \mathbb{E}((f - \mu - (\hat{f} - \mu) + \varepsilon)^2) \\ &= \mathbb{E}((f - \mu)^2) + \mathbb{E}((\hat{f} - \mu)^2) - \mathbb{E}(2(f - \mu)(\hat{f} - \mu)) + \sigma^2 \end{aligned} \tag{3.58}$$

这里有一个并不太好理解的假设，就是 $(f - \mu)$，$(\hat{f} - \mu)$ 是独立线性无关的。

$$Err = \mathbb{E}((f - \mathbb{E}(\hat{f}))^2) + \mathbb{E}((\hat{f} - \mathbb{E}(\hat{f}))^2) + \sigma^2 = 偏差^2 + 方差 + 误差 \tag{3.59}$$

可以看到，这里训练多个模型时误差可以分为 3 个部分。

（1）偏差：代表了多个模型均值与真实值之间的差距，其刻画了模型本身的拟合能力。

（2）方差：度量了训练集变动导致的模型自身分布，其代表了模型复杂度。

（3）误差：是观测过程中的误差。

还是以前面的例子来讲，如图 3.16 所示。

可以看到，对于可训练参数较多的模型，也就是复杂模型，训练过程所形成的曲线十分复杂，在同一点预测的值出现了较大程度的波动，因此模型方差较大。模型本身的均值与真实值偏差较小，这就是所谓的偏差较小。对于只有两个参数的线性回归模型来讲，虽然方差较小，但是真实值与模型均值的差距较大，因此称为偏差大。在机器学习中实际上就是对这两种情况的一个权衡：搭建一个复杂模型还是简单模型去完成任务，如表 3.2 所示。

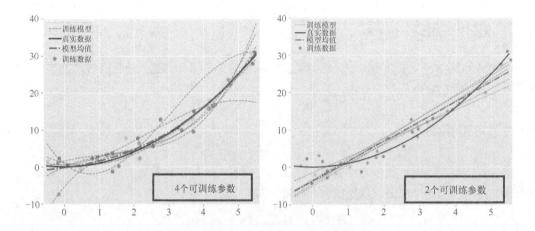

图 3.16　不同模型的方差和偏差

表 3.2　模型复杂度与方差偏差关系

模型复杂度	方差	偏差	拟合能力
复杂模型	大	小	容易过拟合
简单模型	小	大	容易欠拟合

3.5.2　Bagging 和 Boosting

在面对容易过拟合和欠拟合的模型时，有两种优化算法来避免遇到的问题，这便是 Bagging 和 Boosting。Bagging 是对一系列容易过拟合的模型进行权衡得到一个合适的模型，Boosting 模型则是对一系列容易欠拟合的分类器进行权衡得到一个合适的模型。为了说明这里的"权衡"我们将m个模型假设为加权相加的形式。

$$\hat{f}(x) = \sum_i \gamma_i f_i(x) \tag{3.60}$$

因此：

$$\begin{cases} \mathbb{E}(\hat{f}) = \mathbb{E}\left(\sum \gamma_i f_i\right) = \sum \gamma_i \mathbb{E}(f_i) \\ Var(\hat{f}) = Cov\left(\sum \gamma Var(f_i), \sum \gamma Var(f_i)\right) = (\rho m^2 - \rho m + m)\gamma^2 \sigma^2 \end{cases} \tag{3.61}$$

在推导公式时做了几个假设：第一，任意两个模型之间的线性相关系数是相同的，均为ρ；第二，每个模型方差是相同的，均为σ；第三，在计算方差时假设每个模型权值是相同的，均为γ。

$$\begin{cases} \sigma^2 = Var(f_i) \\ \mu = \mathbb{E}(f_i) \\ \rho = \dfrac{\mathbb{E}((f_i - \mu_i)(f_j - \mu_j))}{\sqrt{Var(f_i)}\sqrt{Var(f_i)}} \end{cases}, i, j = 1, \cdots, m \tag{3.62}$$

对于 Bagging 算法来说,每个模型权值均为$1/m$。此时可以看到,最终模型输出的均值和方差如下。

$$\mathbb{E}(\hat{f}) = \mu$$
$$Var(\hat{f}) = \left(\frac{m\rho - \rho + 1}{m}\right)\sigma^2 \tag{3.63}$$

Bagging 模型中使用高方差低偏差的模型也就是容易过拟合的模型。模型本身偏差较小,因此模型均值接近数据真实值。随着模型增多,模型本身的方差也在减少。减少的程度是与不同模型之间的相关性有关的,因此在训练过程中我们可以使用不同的数据进行训练。

对于 Boosting 算法来说,模型本身的相关性较强,即相关系数接近于 1。因此其方差如下。

$$\mathbb{E}(\hat{f}) = \sum \gamma_i \mathbb{E}(f_i)$$
$$Var(\hat{f}) \approx m^2 \gamma^2 \sigma^2 \tag{3.64}$$

Boosting 模型使用多个高偏差低方差基模型也就是容易欠拟合的模型。虽然单个模型预测值与真实值之间均有较大偏差,但是多个模型相加后是可以接近真实数据取值的。与此同时,如果模型本身方差较大(容易过拟合的模型),就会使最终得到的模型方差更大,因此 Boosting 模型使用的基模型都是容易欠拟合的模型。

3.6 实践部分

3.6.1 线性回归问题

假设我们仅知道数据点,如图 3.17 所示。我们需要分析数据点两个坐标(x, y)之间的关系,这是一个典型的机器学习问题。在此假设两者关系如下。

$$y = w_1 x + w_2 \tag{3.65}$$

这称为建模。为了评价模型,我们建立的评价标准如下。

$$loss = (y - d)^2 \tag{3.66}$$

之后计算$loss$关于w_1、w_2的偏导数即可。注意,这里每次迭代的时候还需要给定x和d,这个过程见代码清单 3.2。

原始数据点

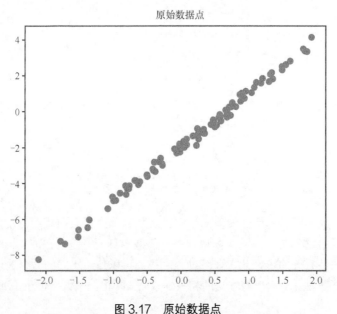

图 3.17　原始数据点

代码清单 3.2　迭代求解线性回归问题

```python
def f(x, w1, w2):
    """
    定义所建立的模型
    此模型为线性模型
    参数 x 为函数变量
    参数 w1、w2 为可训练参数
    """
    return w1 * x + w2
def df(x, d, w1, w2):
    """
    计算 loss 关于可训练参数 w1、w2 的偏导数
    loss=（y-d）^2
    """
    y = f(x, w1, w2)
    return 2 * (y - d) * x, 2 * (y - d)
# 定义初始迭代值
w1, w2 = 0, 0
# 定义学习率
eta = 0.3
for itr in range(100):
    """
    每次获取一个样本进行训练
    由于样本随机性导致梯度计算也会有随机性
```

```
"""
idx = np.random.randint(0, 100)
inx = X[idx]
ind = D[idx]
dw1, dw2 = df(inx, ind, w1, w2)
w1 -= eta * dw1
w2 -= eta * dw2
print("f(w1,w2)=%.2fx%.2f"%(w1, w2))
```

由此就完成了优化过程。我们来看一下图 3.18 所示的拟合结果。

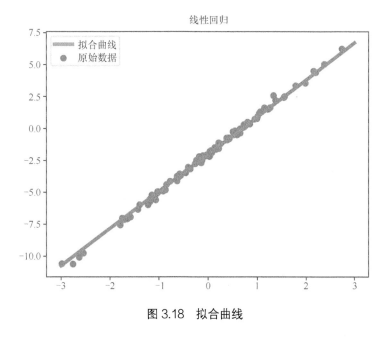

图 3.18   拟合曲线

可以看到,我们用一条直线完成了对数据点的拟合。如果出现一个数据点$x = 0.5$,我们会很容易得到所对应的y,这称为预测过程。

3.6.2   使用 TensorFlow 进行曲线拟合

根据式 (2.7) 描述一个建模的过程,由于x和d需要从外部接收样本,因此需要定义 placeholder,而w则需要不断调整,这里用 Variable 表示,程序见代码清单 3.3。

代码清单 3.3   曲线拟合问题

```
# 矩阵乘法
# 引入库
```

```
import tensorflow as tf
import numpy as np
# 定义 placeholder
x = tf.placeholder(dtype=tf.float32, shape=[5, 1])
d = tf.placeholder(dtype=tf.float32, shape=[5, 1])
# 定义 W
w0 = tf.get_variable("w0", [1, 1])
w0 = tf.get_variable("w1", [1, 1])
w0 = tf.get_variable("w2", [1, 1])
# 定义模型
y = w0 + w1 * x + w2 * x**2
# 定义损失函数：二范数
loss = tf.reduce_mean((y-d)**2)
# 定义优化算法
opt = tf.train.GradientDescentOptimizer(0.1)
# 计算 w 的增量 dw
grad = opt.compute_gradients(loss)
# 执行 w=w+dw
train_step = opt.apply_gradients(grad)
# variable 需要初始化
init = tf.global_variables_initializer()
sess = tf.Session()
sess.run(init)

for itr in range(100):
    in_x = np.random.random([5,1])
    # 假设 x、d 满足如下关系
    in_d = 1+0.4*in_x+0.3*in_x**2
    sess.run(train_step,
            feed_dict={x:in_x,d:in_d})
    if itr%10==0:
        print(sess.run([w0.value(),w1.value(),w2.value()]))
```

关于程序有 3 点需要说明：第一点是 x 的 shape 为[5,1]，代表每次接收 5 个样本，称为批尺寸（BATCHSIZE）=5，之后所有的运算都是矩阵运算；第二点是增量 dw 的计算由库函数自动完成，不需要手动指定，这也是前面所说的变量 Variable 在定义过程中都是可以计算梯度的，这样更方便计算；最后一点是代入样本通过 feed 的方式进行，每一次循环都相当于完整地执行 $w = w + dw$。

3.6.3 多元线性回归问题

对于线性回归问题，我们依然根据数据进行建模，数据建模的方式与前面相同，只是线性回归中 x 的维度不为 1。此时需要进行矩阵计算，利用矩阵描述规律如下。

$$y = w_1 \cdot x + w_0 \tag{3.67}$$

因此程序需要修改为矩阵相乘的形式，见代码清单 3.4。

代码清单 3.4　线性回归问题

```
# 引入库
import tensorflow as tf
import numpy as np
# 定义数据维度
N=10
# 定义 placeholder
x = tf.placeholder(dtype=tf.float32, shape=[5, N])
d = tf.placeholder(dtype=tf.float32, shape=[5, N])
# 定义 W
w0 = tf.get_variable("w0", [1])
w1 = tf.get_variable("w1", [N, 1])
# 定义模型
y = tf.matmul(x, w1) + w0
# 定义损失函数
loss = tf.reduce_mean((y - d)**2)
# 定义优化算法
opt = tf.train.GradientDescentOptimizer(0.1)
# 计算 w 的增量 dw
grad = opt.compute_gradients(loss)
# 执行 w=w+dw
train_step = opt.apply_gradients(grad)
# variable 需要初始化
init = tf.global_variables_initializer()
sess = tf.Session()
sess.run(init)

for itr in range(100):
    in_x = ...
    in_y = ...
    sess.run(train_step,
            feed_dict={x:in_x,d:in_d})
    if itr%10==0:
        print(sess.run([w0.value(),w1.value()]))
```

优化算法需要自行进行定义，见代码清单 3.5。

代码清单 3.5　使用 Adam 算法

```
# 定义 Adam 优化算法
opt = tf.train.AdamOptimizer()
```

3.7 小结

本章中我们主要学习了多维函数问题。多维函数可以用于深度学习的建模与优化。读者需要做的是从一维函数到多维函数这个思维的转换。这并不容易，但却是必需的。另外，还需要了解一阶优化算法，目前深度学习优化使用最多的依然是一阶优化算法。那么几乎所有的机器学习问题都可以分为两个部分。

（1）建立模型：给定数据可能的形式。

（2）模型优化：定义模型符合的条件（$loss$函数），并完成优化。

在实践部分，我们根据描述完成了线性回归问题。这个过程希望读者了解什么是建模以及如何完成优化。这部分还加入了 TensorFlow 的使用，因此我们建立了更复杂的模型——多元线性回归。对于 API 更加详细的描述可参考第 4 章。

第 4 章
机器学习库的使用

从工程角度来看，我们通常需要快速地搭建一些神经网络模型并进行验证，这个过程可以借助于一些机器学习库来完成，甚至于 TensorFlow 等机器学习库可以直接用于生产环境。在前面的章节中我们已经部分使用了 TensorFlow，但很大程度上是将其当作矩阵运算库。在进行了前面 3 个章节的学习之后，应当对 TensorFlow 的使用进行更深入的阐述。同时将前面学到的知识映射到机器学习的 API 之中，这对于学习是有利的，本章对 TensorFlow x 版本进行讲解。

熟练地使用库函数可以帮助我们提升模型和验证的效率并降低调试成本，甚至于直接将机器学习库的框架部署到生产环境。目前的机器学习库诸如 TensorFlow 对于多 CPU 多 GPU 环境优化良好，这通常比自行实现具有更高的计算效率，同时 TensorFlow 是开源的，这是一些商业化场景所需要的。

对于学习而言，利用好机器学习库可以有效地减少学习负担，因为通常而言搭建模型并完成优化对于初学者可能并非十分简单。引入机器学习库可以帮助我们快速了解深度学习的全貌，减少繁杂的细节所带来的学习负担。希望读者在完整地学习后，重新审视算法本身，同时脱离机器学习库去实现一些优化过程，这是对学习应有的态度。

本章将列举 TensorFlow 一些常用的 API，完成网络的搭建以及计算图的输出，不会涉及更加复杂的 IO 部分，比如队列。如果要了解相关内容，可参考文档。另外，本章内容是相对独立的，读者在其后的实践中可以随时参阅本章内容。

4.1　TensorFlow 执行过程

在前面讲述建模的过程中，我们将机器学习过程描述成了函数。

$$y = f(x) \tag{4.1}$$

机器学习建模过程就是描述函数 f 的近似形式的过程，而 TensorFlow 的这个描述过程称为建立计算图。在计算图中包含建模过程中所用的变量以及其经历的计算。考虑到 Python 等语言的效率问题，在描绘完计算图之后实际上执行过程并未进行。真正的执行过程是将描绘的计算图发到 C/C++的计算核心之中并完成计算。式 (4.1) 的执行过程中需要给定 x 并获取 y，这里因为已经建立好计算图了，所以给定变量 x 可以通过 placeholder 来接收，这是 feed 机制。下面我们举例来说明执行过程。

$$y = \sin(x) \tag{4.2}$$

将式 (4.2) 写成代码清单 4.1。

代码清单 4.1　TensorFlow 的基本使用

```
"""
定义计算 y=sin(x)
"""
import tensorflow as tf

# 描述计算过程
# 定义函数中的 x
x = tf.placeholder(tf.float32, shape=[1], name='x')
# 定义函数
y = tf.sin(x)
# 将计算图输入 Session 中，这里使用默认计算图
sess = tf.Session()
# 在 x 中 feed 输入 0，获取输出
ret_y = sess.run(y, feed_dict={x:[0]})
# 打印输出的 y
print(ret_y)
```

这里，定义 Session 之前的计算都是未执行的，直到 sess.run 时整个函数才运行，并返回 y 的取值。因为 x 需要从外部接收数据，因此这里需要我们提供 x，也就是 feed_dict。这种执行方式使计算可以快速高效地运行，而不必使用较慢的 Python 语言去完成，Python 语言本身仅用于描绘计算图。TensorFlow 可以获取中间步骤的多个输出，见代码清单 4.2。

代码清单 4.2　TensorFlow 中间步输出

```
import tensorflow as tf

# 描述计算过程
# 定义函数中的 x
x = tf.placeholder(tf.float32, shape=[1], name='x')
# 定义函数
y = tf.sin(x)
z = tf.cos(y)
# 将计算图输入 Session 中，这里使用默认计算图
sess = tf.Session()
# 在 x 中 feed 输入 0，获取多个输出
ret = sess.run([y, z], feed_dict={x:[0]})
```

```
# 打印输出
print(ret)
```

这里我们用列表的形式来获取所需的输出。还需要说明的一点是，虽然在描述计算图的时候将所有计算过程都进行了描述，但是我们依然可以获取中间某一步的输出。这对于测试过程是有利的。对于所描绘的计算图可以使用 tensorboard 来观察。在代码中加入的语句见代码清单 4.3。

代码清单 4.3　输出计算图语句

```
tf.summary.FileWriter("logdir", sess.graph)
```

运行完成后在终端中输入，代码清单 4.4 为调用 tensorboard 的语句。

代码清单 4.4　调用 tensorboard 的语句

```
tensorboard -logdir==path\to\logdir
```

运行完成后在浏览器输入提示的地址，就可以观察所描绘的计算图了，如图 4.1 所示。

图 4.1　TensorFlow 所输出的计算图

对于测试而言，可以在计算过程中串联进 Print 函数。由于 TensorFlow 计算图描绘完成后无法更改，因此使用 Python 的 Print 函数是无法进行输出的。需要在描绘计算图的过程中就使用 Print 函数，我们可以在计算图中插入 Print 函数，此后每次执行的过程都会进行输出，见代码清单 4.5。

代码清单 4.5　TensorFlow 中的 Print 函数

```
"""
在 y=sin(x);z=cos(y)之间插入 print 用于测试
"""
import tensorflow as tf
# 描述计算过程
# 定义函数中的 x
x = tf.placeholder(tf.float32, shape=[1], name='x')
# 定义函数
y = tf.sin(x)
```

```
# 串联进 Print 后，定义需要输出的 y 取值、y 的 shape 和文本
yt = tf.Print(y, [y, y.shape, 'Test'], message="Output:")
z = tf.cos(yt)
# 将计算图输入 Session 中，这里使用默认计算图
sess = tf.Session()
# 在 x 中 feed 输入 0，获取多个输出
ret = sess.run([y, z], feed_dict={x:[0]})
# 打印输出的 y
print(ret)
```

那么在执行过程中输出如下。

```
Output:[0][1][Test]
```

这可以方便对模型进行测试。与此同时，在计算图中可以看到我们插入的 Print 函数的位置，如图 4.2 所示。

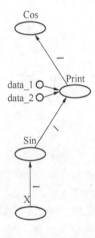

图 4.2　插入 Print 函数后的计算图

4.2　建模与优化所需的函数

在本节中会列举一些建模过程中常用的 API，包括可训练变量定义、矩阵运算、变量接收函数和优化函数等。

4.2.1　自动求导

在第 3 章说到，目前大部分机器学习过程是基于梯度的迭代过程，因此一个基本的机器学习库应当具备对变量的求导函数。而在 TensorFlow 之中这种可求导的参数是由 Variable 来定义

的。这里展示求解函数最小值的过程，在此之前，我们将函数定义为如下形式。

$$f(w) = w_1^2 + w_2^2 + 2w_1 + 2w_2 \tag{4.3}$$

那么求解此函数极小值的过程见代码清单4.6。

代码清单 4.6　求解函数极小值

```
"""
求解函数 y=w1^2+w2^2+2(w1+w2) 极小值
"""
import tensorflow as tf
# 定义可求导的变量
w = tf.get_variable("w", [2])
## 定义函数
f = w[0] ** 2 + w[1] ** 2 + 2 * (w[0] + w[1])
## 定义优化器，其可以帮助我们完成求导以及迭代工作
opt = tf.train.GradientDescentOptimizer(learning_rate=0.6)
## 计算 f 关于 w 的梯度
dw = opt.compute_gradients(f, [w])
## 执行 w=w+dw 过程
step = opt.apply_gradients(dw)
## 到此为止计算描述完成，之后仅需不断地使用 Session 来运行 step 即可
# 将计算图输入 Session 中，这里使用默认计算图
sess = tf.Session()
# 在使用 Variable 的时候需要进行初始化
init = tf.global_variables_initializer()
sess.run(init)

for itr in range(20):
    # 迭代 20 次并查看结果
    sess.run(step)
    print(sess.run(w))
```

从代码清单 4.6 可以看到，我们可以直接求导数，从而完成优化过程。这个过程是简单可实现的。迭代 20 次后可以计算得到 $w = [1.0,1.0]$，由此就完成了函数的极小值求取任务。

4.2.2　矩阵以及相关的计算

在 TensorFlow 中绝大部分变量是以矩阵形式存在的，因此 TensorFlow 对于矩阵运算支持良好，这也几乎是数据建模所需的。在第 3 章的多元线性回归之中，我们就使用矩阵完成了模型的表述。在深度学习中，常用的计算包括矩阵乘法、矩阵加法和矩阵连接。这些运算都带有概率意义。举一个例子。

$$y = Ax \tag{4.4}$$

其带有的概率含义为 y 是依赖于 x 的。

$$p(y|x) \tag{4.5}$$

函数式建模本身就带有这种概率含义，只不过其经历的计算过程更多。矩阵加法和矩阵连接等运算带有的概率含义如下。

$$\begin{aligned} y &= x_1 + x_2 \\ y &= \text{concat}(x_1, x_2) \end{aligned} \rightarrow p(y|x_1, x_2) \tag{4.6}$$

明白这种概率含义比较重要，因为很多机器学习建模过程中的思想来源于此。这也是我们需要学习这几种计算的原因。在之后的章节之中，会对这种建模思维进行强调。这里先说明几种矩阵运算代码，见代码清单 4.7。

代码清单 4.7　矩阵的运算实例

```
import numpy as np
import tensorflow as tf

# TensorFlow 对于类型检查较为严格
A = tf.placeholder(tf.float32, [4, 4], name="A")
B = tf.Variable(tf.ones([4, 4]), dtype=tf.float32, name="B")
# 矩阵哈达玛积
C = A * B
# 矩阵乘积
D = tf.matmul(A, B)
# 矩阵连接
E = tf.concat([A, C], axis=1)
# 通过非线性函数
F = tf.nn.sigmoid(E)

# 将计算图输入 Session 中, 这里使用默认计算图
sess = tf.Session()
# 在使用 Variable 的时候需要进行初始化
init = tf.global_variables_initializer()
sess.run(init)
print(sess.run([C, D, E], feed_dict={A:np.ones([4, 4])}))
```

这里需要强调的是，TensorFlow 的 feed 可以是 NumPy 的矩阵。在矩阵的连接操作中，需要指定在哪个维度上进行的连接，对于 n 维矩阵其数值为 $[\text{axis}=0, \text{axis}=1, \cdots, \text{axis}=n]$。举个例子来说，两个 $[4,4]$ 的矩阵，在 axis=0 的维度上进行连接得到一个 $[8,4]$ 的矩阵，这个矩阵保存了两个向量的信息，因而可以使用上述条件概率的方式来表示。除此之外还有其他函数，见代码清单 4.8。

代码清单 4.8　其他矩阵相关的函数

```
# 求均值
```

```
G = tf.reduce_mean(E)
# 类型转换
H = tf.cast(F, tf.float64)
# 返回最大值索引
I = tf.argmax(F, axis=1)
```

TensorFlow 对于类型的检查十分严格，这是高性能的基础。Cast 函数可以转换为需要的类型。

4.2.3 从手写数字识别例子来完整学习建模和优化过程

对于手写数字可以使用 mnist 数据集。其为 28×28 的灰度图像，为了方便将其存储于 784 长度的一维向量之中。数据中共有 10 个类，分别是 0~9 共 10 个数字。此时预测过程需要完成。

$$p(y|x) = p(y_c|x_1, \cdots, x_{784}), c = 1, \cdots, 10 \tag{4.7}$$

结果如图 4.3 所示。

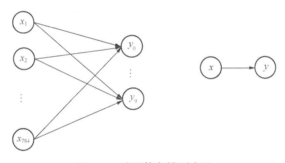

图 4.3 手写数字模型表示

在一般文献之中都用图 4.3 表示一个单层神经网络，但是实际上图 4.3 还有更深层次的概率关系，它代表着每个分类的输出都是依赖于所有像素点的。通过 784 个像素点来预测样本标签。在鉴别手写数字的过程中需要观察完整的图像，因此这种建模是符合常识的。而这种依赖过程使用函数和矩阵来表示就是多元线性回归。

$$y_{10} = x_{784}W_{784\times10} + b_{10} \tag{4.8}$$

此时我们需要完成的是分类问题（预测属于哪一类），从另一个角度来说，应当使 y 带有某种概率属性，使其直接输出样本分类概率，而将其转换为概率表达可以用 Softmax 过程。此时给定标签 d 应当是 one-hot 类型的编码，也就是在某一类位置上取值为 1（100%），其他位置为 0，这是带有概率含义的。为了衡量两个概率的相似度，所用的标准为交叉熵。交叉熵越小，神经网络所输出的概率越接近于标签，完整的代码见代码清单 4.9。

代码清单 4.9　手写数字实例

```python
import tensorflow as tf
# 构建网络模型
# x、label 分别为图像数据和标签数据
x = tf.placeholder(tf.float32, [None, 784])
d = tf.placeholder(tf.float32, [None, 10])
# 构建单层网络中的权值和偏置
W = tf.get_variable("W", [784, 10])
b = tf.get_variable("b", [10])
# 此为所建立的模型
y = tf.matmul(x, W) + b
# 可以将损失函数改为欧氏距离再次试验, 此时会发现迭代缓慢
# loss = tf.reduce_mean(tf.square(y-label))
# 交叉熵计算
prob = tf.nn.softmax(y)
ce = tf.reduce_sum(- d * tf.log(prob), 1)
# 使用自带交叉熵函数代替上述代码
# ce=tf.nn.softmax_cross_entropy_with_logits(labels=label, logits=y)
loss = tf.reduce_mean(ce)
# 用梯度迭代算法
# 相当于执行了 w=w+dw 过程
train_step = tf.train.GradientDescentOptimizer(0.1).minimize(loss)
# 用于验证, argmax 为取最大值所在的索引, 1 为所在维度
correct_prediction = tf.equal(tf.argmax(y, 1), tf.argmax(d, 1))
# 验证精确度
accuracy = tf.reduce_mean(tf.cast(correct_prediction, tf.float32))
# 定义会话
sess = tf.Session()
# 初始化所有变量
sess.run(tf.global_variables_initializer())
# 定义保存类
saver = tf.train.Saver()
# 模型载入
saver.restore(sess, "model/cp5-80")
# 迭代过程

import numpy as np
# 获取数据
# 并自行处理
files = np.load("path/to/mnistdata.npz")
train_images = files['train_images']
train_labels = files['train_labels']
test_images = files['test_images']
test_labels = files['test_labels']
```

```
for itr in range(1000):
    idx = np.random.randint(0, len(train_images), [34])
    batch_xs, batch_ys = train_images[idx], train_labels[idx]
    sess.run(train_step, feed_dict={x: batch_xs, d: batch_ys})
    if itr % 10 == 0:
        acc = sess.run(
            accuracy,
            feed_dict={x: test_images, d: test_labels})
        print("step:%6d  accuracy:"%(itr, acc))
        # 迭代过程进行保存
        saver.save(sess, "model/cp5", global_step=itr)
```

与前面的求解函数最小值不同，在学习中需要不断地从外界接收样本，此时需要定义 placeholder。而模型训练完成后可以使用 Saver 函数来进行保存，对于所建立的模型来说，所谓的模型保存就是权值 W 以及其所经历的计算流程（计算图）。保存变量需要定义一个类，见代码清单 4.10。

代码清单 4.10　Saver 类

```
saver = tf.train.Saver()
```

这个类可以自由地指定需要保存的变量，比如对于单层神经网络，模型只有 W 和 b 两个参数，此时可以用代码清单 4.11 所示的方式保存指定变量。

代码清单 4.11　定义需要保存的变量

```
saver = tf.train.Saver([W, b])
```

在神经网络层数增加以后，很难获取所有的模型参数（权值）。为了解决这个问题，Tensorflow 中有一个简单的函数用于获取所有可训练参数（可以求偏导数的量），见代码清单 4.12。

代码清单 4.12　获取所有可训练参数

```
all_w = tf.trainable_variables()
saver = tf.train.Saver(all_w)
```

在训练过程中进行保存，保存内容为训练过程中的变量，见代码清单 4.13。

代码清单 4.13　保存文件

```
for itr in range(1000):
    ...
    saver.save(sess, "model/test", global_step=itr)
```

文件保存形式如下。

```
model >
 checkpoint
```

```
test-30.meta
test-30.data
test-30.index
…
```

checkpoint 保存了最近几次的权值，名称后的 "迭代步" 代表第几次迭代。每个迭代步会有 3 个文件，默认情况会保存最近 5 个迭代步。

要恢复计算可以参考代码清单 4.14。

代码清单 4.14　恢复保存变量

```
saver.restore(sess, "model/test-30")
```

在迭代开始之前将变量加载进模型之中。

定义好 session 后，可以加入计算图保存语句，见代码清单 4.15。

代码清单 4.15　保存计算图

```
train_writer = tf.summary.FileWriter("mylogdir", sess.graph)
```

运行后会产生一个 mylogdir 文件夹，里面保存了计算图和训练过程中指定保存的内容。查看所描绘的计算图需要使用 tensorboard，可以在 Shell 中输入命令，见代码清单 4.16。

代码清单 4.16　tensorboard 命令使用

```
tensorboard logdir=mylogdir
```

运行完成后可以在浏览器中查看所描绘的计算图，如图 4.4 所示。

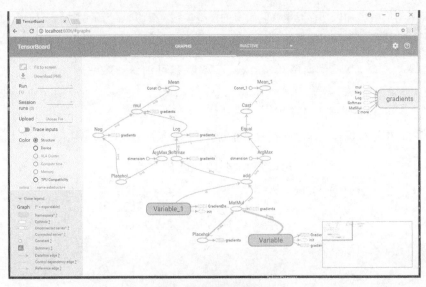

图 4.4　输出的计算图

要观察训练过程，可以加入相应的语句来观察，最终输出如图 4.5 所示。

图 4.5　统计信息图像

这个工具主要用于观察计算过程中出现的问题并进行调试，相关的函数见代码清单 4.17。

代码清单 4.17　加入统计柱状图并进行输出

```
...
# 用于定义加入输出的柱状图
tf.summary.histogram("Weigh", W)
...
# 用于获取输出
merged = tf.summary.merge_all()
```

```
...
# 依然需要使用 session 来执行
summary = sess.run(merged, feed_dict={x: test_images,
                                       d: test_labels})
# 执行结果用 FileWriter 写入, 注意其与 saver 的区别。
train_writer.add_summary(summary, itr)
```

4.3 多个计算图

TensorFlow 可以定义多个计算图,搭建的过程可以在一个计算图中进行,见代码清单 4.18。

代码清单 4.18 自定义计算图

```
graph = tf.Graph
with graph.as_default():
    ....
train_writer = tf.summary.FileWriter("logdir", graph)
```
还可以避免多个计算图之间的相互影响。

4.4 变量命名

为了使整个结构更加合理并方便获取变量,可以对变量进行命名,见代码清单 4.19。

代码清单 4.19 变量命名

```
W = tf.Variable(tf.zeros([784, 10]),name='W')
# 或者更加好的方式
W = tf.get_variable('W',
                    [28, 28],
                    dtype=tf.float32,
                    initializer=tf.truncated_normal_initializer(stddev=0.1))
```

通常更推荐使用下面的函数,以方便查看。当然,如果神经网络有多层,还可以进一步封装,见代码清单 4.20。

代码清单 4.20 定义变量域

```
with tf.variable_scope("first-nn-layer"):
    W = tf.Variable(tf.zeros([784, 10]), name="W")
    b = tf.Variable(tf.zeros([10]), name="b")
```

在同一变量作用域下不可以有重复的变量名称,否则会报错。需要时可设置 reuse 参数,见代码清单 4.21。

代码清单 4.21　变量复用

```
with tf.variable_scope("second-nn-layer") as scope:
    W = tf.get_variable("W", [784, 10])
    b = tf.get_variable("b", [10])
# 相同作用域下相同变量名需要加入 reuse
with tf.variable_scope("second-nn-layer", reuse=True):
    W3 = tf.get_variable("W", [784, 10])
    b3 = tf.get_variable("b", [10])
```

通过这种方式再来观察所描绘的计算图，会非常清晰，见代码清单 4.22。

代码清单 4.22　优化的计算图

```
# 引入自带的测试数据
import tensorflow as tf
# 构建网络模型
# x、label 分别为图像数据和标签数据
with tf.variable_scope("input-layer") as scope:
    x = tf.placeholder(tf.float32, [None, 784], name='x')
    d = tf.placeholder(tf.float32, [None, 10], name='d')
# 构建单层网络中的权值和偏置
with tf.variable_scope("nn-layer") as scope:
    W = tf.Variable(tf.zeros([784, 10]))
    tf.summary.histogram("Weigh", W)
    b = tf.Variable(tf.zeros([10]))
    # 此为所建立的模型
    y = tf.matmul(x, W) + b
# 可以将损失函数改为欧氏距离再次试验
# loss = tf.reduce_mean(tf.square(y-label))
# 交叉熵计算
with tf.variable_scope("loss-layer") as scope:
    prob = tf.nn.softmax(y)
    ce = - d * tf.log(prob)
    # 使用自带交叉熵函数代替上述代码
    # ce=tf.nn.softmax_cross_entropy_with_logits(labels=label, logits=y)
    loss = tf.reduce_mean(ce)
# 加入对于 loss 函数的观测
tf.summary.scalar('loss', loss)
# 用梯度迭代算法
train_step = tf.train.GradientDescentOptimizer(0.1).minimize(loss)
# 用于验证，argmax 为取最大值所在的索引，1 为所在维度
with tf.variable_scope("accuracy") as scope:
    correct_prediction = tf.equal(tf.argmax(y, 1), tf.argmax(d, 1))
    # 验证精确度
    accuracy = tf.reduce_mean(tf.cast(correct_prediction, tf.float32))
tf.summary.scalar('accuracy', accuracy)
```

```
# 定义会话
sess = tf.Session()
# 初始化所有变量
sess.run(tf.global_variables_initializer())
# 定义保存类
all_w = tf.trainable_variables()
saver = tf.train.Saver(tf.trainable_variables())

# 定义 tensorboard 查看所需内容
train_writer = tf.summary.FileWriter("logdir", sess.graph)
merged = tf.summary.merge_all()
# 迭代过程
for itr in range(1000):
    ...训练过程...
    if itr % 10 == 0:
        # 迭代过程进行保存
        saver.save(sess, "model/cp5", global_step=itr)
        # 定义 summary 输出
        summary = sess.run(
merged,
feed_dict={x: test_images,
                                d: test_labels})
        train_writer.add_summary(summary, itr)
```

输出的结果如图 4.6 所示。

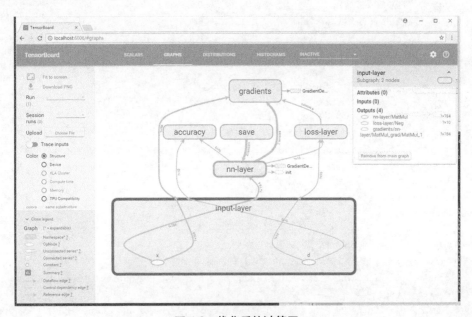

图 4.6   优化后的计算图

图中的每一个节点都可以展开，便于观察其他变量。

4.5　小结

　　本章涉及了 TensorFlow 的一些更复杂的内容，以方便读者今后更进一步的使用。但理解原理往往是更重要的，希望读者在 API 的使用过程中更多地阅读相关文档。这是使用学习库函数的一种非常好的方式。

第二部分

第 5 章
深度学习模型与全连接网络

本章将从线性回归模型开始介绍深度学习模型的建模与训练过程。一般人会说深度学习模型具有强大的表达能力和拟合能力。从几何角度来讲，我们可以形成一个足够复杂的曲面去拟合真实数据，而这种拟合能力伴随而来的是海量的可训练参数。因此希望读者在学习深度学习的过程中不要忽略其他简单且快速的机器学习算法。在需要效率和可解释性的场景中深度学习可能并非有想象得那么强大。

目前的深度学习算法大多是基于一阶导数的迭代过程。很多时候深度学习的复杂性体现于建模过程之中，我们需要建立一个足够复杂的模型去完成复杂的任务。但优化过程依然是求梯度。

深度学习的建模过程几乎都是与矩阵相关的，因此作为基础，读者应当具备相当的线性代数基础，这包括但不限于第 1 章内容。建模过程中所用的思想则来源于概率部分的内容，在进行一些文献阅读的过程中也使用了概率语言来描述模型。在另一些文献中又将深度学习与几何内容进行联系，因而出现了"流形"等概念，这是用来描述算法原理的。从这里来看，深度学习是一个结合概率、几何和代数的交叉学科。从应用上来讲，由于深度学习模型本身具有强大的表达能力，因此我们可以使用其来完成包括自然语言处理、计算机视觉和工业等诸多方面的应用，这使深度学习成为了一个广义上的交叉学科。读者要进行某一方面的工作，还需要了解工作领域本身的基础。

5.1 多层神经网络与理解

从本章开始将对全连接网络进行详细阐述。在对全连接网络进行描述之前，需要知道全连接网络所适合处理的数据类型。

5.1.1 表格类型数据与线性模型

全连接网络是为了处理表格类型的数据而产生的，举一个例子来讲，如表 5.1 所示。

表 5.1   表格类型数据

数据属性	属性 1	...	属性 m
样本 1			
样本 2			
样本 3			
$\vdots$			
样本 n			

表 5.1 展示的是表格类型的数据，对于每一种属性的具体值而言都是浮点型数据。但是在一些情况下数据可能并非浮点，这就要求我们对其进行转换。比如"男""女"，此时可以将"男"转换为–1.0，"女"转换为 1.0。就某个样本来说，其是一个一维向量。

$$v_{样本} = [属性\ 1, \cdots, 属性\ m] \tag{5.1}$$

对于多个样本而言，数据本身就成为了二维矩阵，其形式如下。

$$x = [样本数量, 属性数量] \tag{5.2}$$

在已知样本具备了这些属性值后需要对样本进行分类。这个过程的概率描述如下。

$$p(类别|属性\ 1, \cdots, 属性m) \tag{5.3}$$

对于样本分类，需要考虑所有的属性，属性之间是没有顺序关系的。因此建模过程中不加入顺序特征，如图 5.1 所示。

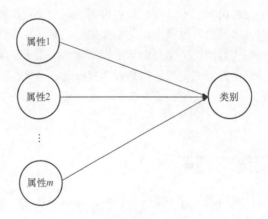

图 5.1   预测过程需要考虑所有属性的情况

从另一个角度来看，可以将这种条件概率关系直接写成矩阵相乘的形式，如果将表格写成二维矩阵 x，则公式如下。

$$y_{\text{class}} = xA + b \tag{5.4}$$

可以看到，y向量中的每一个数实际上都是由x中的属性以某种方式的加权所得，因此y是依赖x的，这种函数相乘可以代表前面的条件概率依赖关系。这个模型本身称为线性模型。在建立了具体模型后问题就由概率转换为了几何。如果x有两个属性，而空间中有两类点，则可以将这个问题绘制成如图5.2所示的样子。

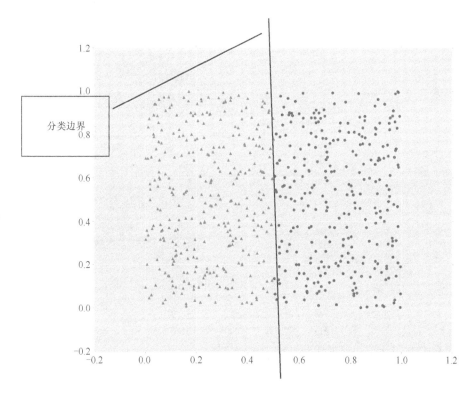

图 5.2 二维空间中的线性可分问题

对于如图 5.2 所示的边界问题，是由以下公式约束的。

$$y = xA + b = 0 \tag{5.5}$$

$y > 0$时属于一类，$y < 0$时属于另一类。由于线性模型所形成的决策边界都是直线，因此无法完成复杂的分类任务，如图 5.3 所示。

对于图中所示的非线性可分问题，我们无法用一条直线将其划分，由此产生了两种建模思路。

（1）线性模型+特征工程：加入非线性特征。

（2）复杂模型+原始数据：建立非线性模型。

第一种思路就是常说的"特征工程"的一部分。由于问题本身无法使用非线性解决，因此我们引入非线性特征来完成分类问题。

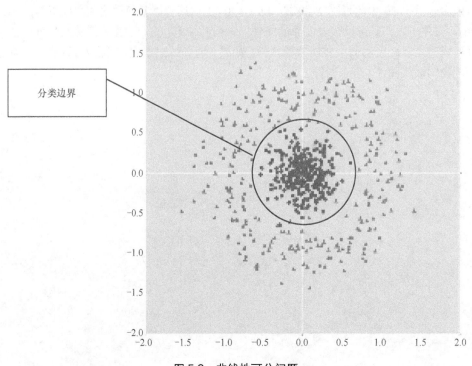

图 5.3　非线性可分问题

$$x = [x_1, x_2] \xrightarrow{\text{加入非线性特征}} x' = [x_1, x_2, x_1^2, x_2^2] \tag{5.6}$$

加入非线性特征之后依然使用线性模型进行建模。

$$y = Ax' + b \tag{5.7}$$

由此所得分类结果如图 5.4 所示。

可以看到,加入非线性特征之后可以很好地对数据进行分类。但是这种建模方式比较考验我们对数据处理方法的熟练程度。特征选择的过程通常是漫长而艰难的。

第二种思路就是建立一个足够复杂的模型,让模型本身去学习数据的特征,从而减轻数据预处理负担。这种思路直接产生的就是多层神经网络算法。

5.1.2　多层神经网络模型引入

为了产生足够复杂的分类曲面,我们构造了多层神经网络模型。在前面的线性模型(也就是单层神经网络)中,形成的曲面都是简单的平面。为了使模型更加复杂,一个直接的思路就是增加可训练参数数量。就表格类型数据而言,最简单的增加可训练参数的过程就是增加矩阵的数量。

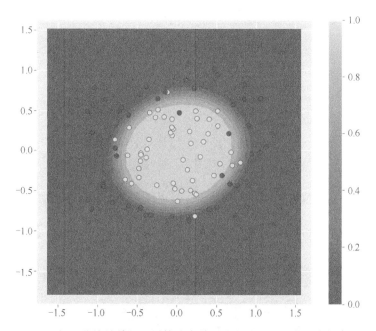

图 5.4 加入非线性特征之后的分类结果（取值为取得黄色点概率）

$$y = ((x \cdot W1 + b1) \cdot W2 + b2) \cdot W3 + b3 \cdots$$
$$= x \cdot W1 \cdot W2 \cdots W_n + bx = x \cdot W + b \tag{5.8}$$

可以看出，简单地对向量 x 进行线性变换，未增加分类曲面的复杂度，得到的效果仅相当于一个单层神经网络。因此，为了真正增加曲面的复杂度，需要引入非线性函数。

$$y = f(f(f(x \cdot W1 + b1) \cdot W2 + b2) \cdot W3 + b3) \cdots \tag{5.9}$$

f 为非线性函数，非线性函数的引入使多层建模结构不再仅仅相当于线性变换，而是在线性变换的基础上加入了空间的扭曲变换，这样就可以用于解决诸如异或问题等更加复杂的问题。因此多层神经网络可以完成更复杂的分类任务。非线性函数的选择非常多样，甚至可以使用三角函数等，但是在神经网络问题中，我们选择的函数大多是单调函数，常用的激活函数如下。

$$\text{sigmod}(x) = \frac{1}{1 + e^{-x}}$$

$$\tanh(x) = \frac{1 - e^{-2x}}{1 + e^{-2x}}$$

$$\text{ReLU}(x) = \max(0, x) \tag{5.10}$$

$$\text{ELU}(x) = \begin{cases} x & x \geqslant 0 \\ \alpha(e^x - 1) & x < 0 \end{cases}$$

从曲线（面）拟合的角度来看待机器学习是合适的。多个直线相加依然是直线，为了使直线出现更复杂的变化，需要对曲线进行弯折，这就是激活函数的作用。激活函数是有固定形式的，神经网络层也是有限个数的。因此，所得的曲线也是近似的。在机器学习中，精度并没有想象中那么重要。

这里将n层神经网络写为更加简洁的形式。

$$\begin{aligned} h^0 &= x \\ loop: h^{l+1} &= f(h^l \cdot W^l + b) \\ y &= h^n \end{aligned} \tag{5.11}$$

在计算的过程中h^i是一个二维矩阵，其形式为[样本数量，特征数量]。由于矩阵中每一个点都是全连接结构，带有样本所有属性信息。因此，可以使用任何一部分来与标签形成损失函数，从而约束输出。

下面使用多层神经网络对前文的数据进行分类，此时建立的模型如下。

$$\begin{aligned} y &= ReLU(x \cdot W_{2\times 10} + b_{10}) \cdot w_{10\times 2} + b_2 \\ p(y) &= softmax(y) \end{aligned} \tag{5.12}$$

最终得到的分类曲面如图 5.5 所示。

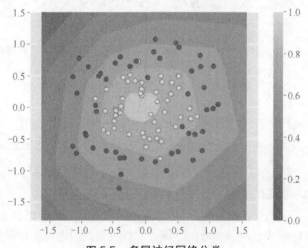

图5.5　多层神经网络分类

可以看到，曲面产生了复杂的扭曲，从而使其可以完成复杂的分类任务。但是此时得到的曲面形状并非如前面所示的那样平滑，而仅是一个近似。在模型建立得足够复杂的时候，这种近似是可以接受的。这里增加模型复杂度的方式就是增加可训练参数数量。而增加可训练参数的数量，有以下两个思路。

（1）增加中间层向量长度：这是广度神经网络。

（2）增加神经网络的深度：这是深度神经网络。

这两种思路并无高下之分，都是神经网络建模中的思路。如果建立一个有 3 个隐藏层的神经网络，公式如下。

$$h_{n,3}^1 = ReLU(x_{n,2}W_{2,3} + b_3)$$
$$h_{n,3}^2 = ReLU(h_{n,3}^1 W_{3,3} + b_3)$$
$$h_{n,3}^3 = ReLU(h_{n,3}^2 W_{3,3} + b_3)$$
$$y = h_{n,2}^2 W_{3,2} + b_2$$

(5.13)

则结果如图 5.6 所示。

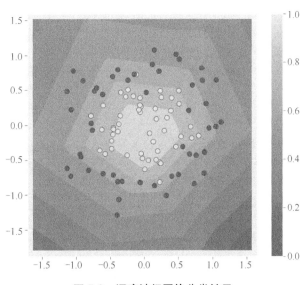

图 5.6 深度神经网络分类结果

可以看到, 此时依然可以完成分类任务。此时可训练的参数数量为 2×3+3×3+3×3+3×2=30, 而广度神经网络中可训练的参数数量为 2×10+10×2=40, 这两种方式均可以完成增加可训练参数从而增加模型复杂度的任务。为方便读者阅读, TensorFlow 建模的过程见代码清单 5.1。

代码清单 5.1 二维空间二分类问题多层神经网络

```
import tensorflow as tf
n_layer = 2
hidden_dims = 4
# 网络输入
inputs = tf.placeholder(tf.float32, [None, 2])
labels = tf.placeholder(tf.float32, [None, 2])
net = inputs
# 多层神经网络
for _ in range(n_layer):
    net = tf.layers.dense(net, hidden_dims, activation=tf.nn.relu)
logits = tf.layers.dense(net, 2, activation=None)
# 交叉熵作为 loss
```

```
p_y = tf.nn.softmax(logits)
cross_entropy = tf.reduce_sum(- labels * tf.log(p_y), axis=1)

loss = tf.reduce_mean(cross_entropy)
```

5.1.3　过拟合问题

如果将网络层设定为 8 层，而隐藏层的神经元数量设定为 30，则可以得到如图 5.7 所示的结果。

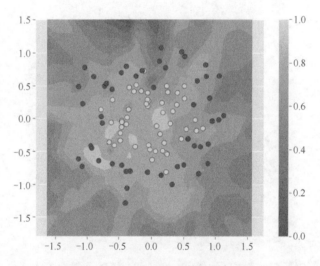

图 5.7　参数过多所形成的分类图像

在过度增加神经网络参数数量后，可以看到边界是十分复杂的几何形状，此时模型就面临着过拟合的问题。由于神经网络可训练参数较多，因此很容易就会出现过拟合问题。而解决过拟合问题的根本方式是增加样本数量。一般要求训练集数量几倍于可训练参数数量，此时神经网络才能更好地用于特征的提取。如果将样本数量从 100 增加到 20 000，则使用同样的网络模型进行分类得到的结果如图 5.8 所示。

增加训练集样本数量是解决过拟合问题的根本途径。而在样本数量不足时，所设定的权值是冗余的。这种冗余使大部分可训练参数取值应当为 0 或接近 0。为此，在传统的损失函数的基础上增加正则化项。

$$loss_{norm} = loss + \lambda ||w||^2 \tag{5.14}$$

式 (5.14) 中 λ 是给定的正则化项权值。加入正则化项后约束 w 部分位置取值接近 0。从另一个角度来讲，引入的正则化项相当于加入了数据的先验，即数据分布是简单的。在 $loss$ 函数中加入正则化项后所得的结果如图 5.9 所示。

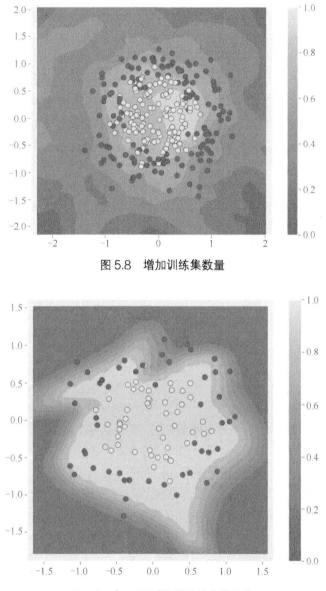

图 5.8　增加训练集数量

图 5.9　加入正则化项后的分类图像

　　虽然结果与单层神经网络还有差距，但是相比于未加入正则化项之前有了明显的改善。神经网络还有一些避免过拟合的方法，我们放到后面讲述。本章中读者应当明白：对于神经网络来讲由于可训练参数很多，其是一个容易过拟合的机器学习模型，因此很多优化方法均与避免过拟合相关，避免过拟合问题的根本途径是增加训练集数量。这在以前是很难完成的，但时至今日随着很多企业完成数据累积和标注，训练集缺少的问题得到一定程度上的解决。

5.2 链式求导与反向传播

经常听到这样的说法：机器学习库有一个关键的作用就是可以自动求导。那么求导的关键在哪里？可以说，只要完成了求导工作，就可以着手完成神经网络的训练了。

深度学习训练过程的关键部分就在于梯度的计算。而梯度的计算中必须要做的就是链式求导。由此就产生了很多概念，比如反向传播算法（Back Propagation，BP）、时间反向求导（Back Propagation Through Time，BPTT）。按照链式求导的规则来试着推导式 (5.8)。记录第 n 层与第 $n+1$ 层的输出分别为 y^n、y^{n+1}，两层之间的传播过程之中每一层均会计算两个内容。

（1）本层可训练参数的导数。

（2）本层向前传播误差（链式求导）。

以单变量书写的形式如下。

$$
\begin{aligned}
loss &= (y - d)^2 & \text{(a)}\\
y &= f_1(a \cdot f_2(b \cdot f_3(c \cdot x))) & \text{(b)}\\
e_1 &= \frac{\partial loss}{\partial y} = 2(y - d) & \text{(c)}\\
e_2 &= \frac{\partial loss}{\partial(a \cdot f_2)} = e_1 \cdot f_1' & \text{(d)}\\
\frac{\partial loss}{\partial a} &= e_2 \cdot f_2 & \text{(e)}\\
e_3 &= \frac{\partial loss}{\partial(f_2)} = e_2 \cdot a & \text{(f)}
\end{aligned}
\tag{5.15}
$$

对于 $a \cdot f_2$ 这一层来说，有一个可训练参数 a，那么反向传播需要计算可训练参数 a 的导数 (5.15)(e)，同时为了计算 f_3 之中的可训练参数，此层需要产生新的 e_3。对于 f_1 这一层来说，由于没有可训练参数，因此仅产生反向传播误差 e_2。注意式 (5.15) 中，将每一步计算（包括矩阵乘法、矩阵加法和通过激活函数）均可当作单独的计算层。因此，一个完整的全连接层可以分为矩阵乘法层（$x \cdot w$）、加入编置顶层（$x \cdot w + b$）和激活函数层（$f(x \cdot w + b)$）共 3 个计算层。

5.2.1 矩阵相乘可训练参数导数与误差传播

矩阵相乘的输入与输出矩阵格式为 [BatchSize, N]，假设网络某一层输入为 x^l，输出为 x^{l+1}，那么输入与输出层间关系如下。

$$
x_i^{l+1} = x_j^l \cdot W_{i,j}
\tag{5.16}
$$

假设此层反向传播误差为 e^{l+1}，那么导数计算如下。

$$\frac{\partial loss}{\partial w_{ij}} = \frac{\partial loss}{\partial x_i^{l+1}} \frac{\partial x_i^{l+1}}{\partial w_{ij}} = e_i^{l+1} \cdot x_j^l \tag{5.17}$$

此层反向传播误差如下。

$$e_i^l = \frac{\partial loss}{\partial x_i^l} = \frac{\partial loss}{\partial x_j^{l+1}} \frac{\partial x_j^{l+1}}{\partial x_i^l} = e_j^{l+1} \cdot W_{j,i} \tag{5.18}$$

上式中相同指标代表求和。

5.2.2　偏置项导数可训练参数导数与误差传播

加入偏置项的运算方式如下。

$$x^{l+1} = x^l + b \tag{5.19}$$

此步仅需计算导数即可，公式如下。

$$\frac{\partial loss}{\partial b} = e^{l+1} \tag{5.20}$$

5.2.3　通过函数可训练参数导数与误差传播

通过函数的计算方式如下。

$$x^{l+1} = f(x^l) \tag{5.21}$$

此步无可训练参数，因此仅需计算误差传播项。

$$e^l = \frac{\partial loss}{\partial x^l} = \frac{\partial loss}{\partial x^{l+1}} \frac{\partial x^{l+1}}{\partial x^l} = e^l f'(u) \tag{5.22}$$

通过以上计算已经可以完成所有关于训练参数的偏导数。在计算所有的梯度之后可以将权值偏导写成向量的形式　$dw = [dw^1, dw^2, \cdots, dw^N]$。

计算完成后就可以按照前面章节中的梯度下降法和 Adam 算法等算法进行模型的求解。

$$\text{loop}: w \leftarrow w + dw \tag{5.23}$$

这是整个深度学习问题的求解思路。前面说到，目前所用的算法均为一阶优化算法，也就是仅计算了一阶导数。二阶优化算法在深度学习中并没有得到比较好的研究，一是由于算法时间和空间复杂度都太高，二是由于对其原理的研究还不甚透彻，因此对于像"拟牛顿法"等一些耳熟能详的算法，虽然很多文章有介绍，但在深度学习中很少使用。还有一点，激活函数 ReLU 是没有二阶导数的。

5.3 实践部分

5.3.1 多层全连接网络从零实现

可以看到将神经网络拆分成几个计算层后，每一层都有两个导数需要计算：反向传播误差与训练参数的导数。每一层又分为两个部分，第一个部分用于计算正向传播过程，第二个部分用于计算反向传播过程。导数与误差均在反向传播过程之中计算，全连接层包括矩阵相乘、偏置相加、激活函数和损失函数共 4 个组件。代码所用数据来源为 Kaggle 数据集：数据为欧洲的信用卡持卡人在 2013 年 9 月两天时间中的交易数据，其中有部分交易是欺诈交易。数据采用 PCA 变换映射为 V1, V2, …, V28 数值型属性，只有交易时间和金额这两个变量没有经过 PCA 变换。输出变量为二值变量，1 为正常，0 为欺诈交易。

在实现代码之前需要先定义 NN 类，见代码清单 5.2。

代码清单 5.2 定义 NN 类

```python
class NN():
    def __init__(self):
        self.value = []
        self.d_value = []
        # 每一层输出
        self.outputs = []
        # 每一层所用函数
        self.layer = []
        # 层名
        self.layer_name = []
```

之后依次实现各个子层的正向与反向传播代码，见代码清单 5.3。

代码清单 5.3 矩阵相乘

```python
def _matmul(self, inputs, W, *args, **kw):
    """
    正向传播
    """
    return np.dot(inputs, W)
def _d_matmul(self, in_error, n_layer, layer_par):
    """
    反向传播
    """
    W = self.value[n_layer]
    inputs = self.outputs[n_layer]
    self.d_value[n_layer] = np.dot(inputs.T, in_error)
```

```
        error = np.dot(in_error, W.T)
        return error
    def matmul(self, filters, *args, **kw):
        self.value.append(filters)
        self.d_value.append(np.zeros_like(filters))
        self.layer.append((self._matmul, None, self._d_matmul, None))
        self.layer_name.append("matmul")
```

偏置项加入见代码清单 5.4，这与矩阵相乘类似，只不过不产生反向传播误差。

<h3 style="text-align:center">代码清单 5.4　加入偏置</h3>

```
    def _bias_add(self, inputs, b, *args, **kw):
        return inputs + b
    def _d_bias_add(self, in_error, n_layer, layer_par):
        self.d_value[n_layer] = np.sum(in_error, axis=0)
        return in_error
    def bias_add(self, bias, *args, **kw):
        self.value.append(bias)
        self.d_value.append(np.zeros_like(bias))
        self.layer.append((self._bias_add, None, self._d_bias_add, None))
        self.layer_name.append("bias_add")
```

通过非线性激活函数的过程就是乘以导数的过程，见代码清单 5.5。

<h3 style="text-align:center">代码清单 5.5　通过激活函数</h3>

```
    def _sigmoid(self, X, *args, **kw):
        return 1/(1+np.exp(-X))
    def _d_sigmoid(self, in_error, n_layer, *args, **kw):
        X = self.outputs[n_layer]
        return in_error * np.exp(-X)/(1 + np.exp(-X)) ** 2
    def sigmoid(self):
        self.value.append([])
        self.d_value.append([])
        self.layer.append((self._sigmoid, None, self._d_sigmoid, None))
        self.layer_name.append("sigmoid")
```

最后需要构建 loss 函数。这里选择二范数作为 loss 函数，见代码清单 5.6。

<h3 style="text-align:center">代码清单 5.6　二范数作为 loss 函数</h3>

```
    def _loss_square(self, Y, *args, **kw):
        B = np.shape(Y)[0]
        return np.square(self.outputs[-1] - Y)/B
    def _d_loss_square(self, Y, *args, **kw):
        B = np.shape(Y)[0]
        return 2 * (self.outputs[-2] - Y)
```

```
        def loss_square(self):
            self.value.append([])
            self.d_value.append([])
            self.layer.append((self._loss_square, None, self._d_loss_square,
None))
            self.layer_name.append("loss")
```

对上面所叙述的代码进行集成，集成过程需要用到的函数为正向传播和反向传播代码，见代码清单 5.7。

代码清单 5.7　正向与反向传播函数

```
def forward(self, X):
    self.outputs.append(X)
    net = X
    for idx, lay in enumerate(self.layer):
        method, layer_par, _, _ = lay
        net = method(net, self.value[idx], layer_par)
        self.outputs.append(net)
    return
def backward(self, Y):
    error = self.layer[-1][2](Y)
    self.n_layer = len(self.value)
    for itr in range(self.n_layer-2, -1, -1):
        _, _, method, layer_par = self.layer[itr]
        error = method(error, itr, layer_par)
```

训练过程需要不断地进行正向传播、反向传播计算，并将所计算的可训练参数的偏导数加入原变量之中，这称为随机梯度下降法，整个执行过程如下。

$$w^{new} \leftarrow w^{old} + \eta \cdot \mathrm{d}w \tag{5.24}$$

将上述过程写为 0，见代码清单 5.8。

代码清单 5.8　优化过程

```
def apply_gradient(self, eta):
    for idx, itr in enumerate(self.d_value):
        if len(itr) == 0: continue
        self.value[idx] -= itr * eta
def fit(self, X, Y):
    self.forward(X)
    self.backward(Y)
    self.apply_gradient(0.1)
def predict(self, X):
    self.forward(X)
    return self.outputs[-2]
```

通过上述类来构建多层神经网络，见代码清单 5.9。

代码清单 5.9　程序运行

```
# 初始化值
iw1 = np.random.normal(0, 0.1, [28, 28])
ib1 = np.zeros([28])
iw2 = np.random.normal(0, 0.1, [28, 28])
ib2 = np.zeros([28])
iw3 = np.random.normal(0, 0.1, [28, 2])
ib3 = np.zeros([2])
# 神经网络描述
mtd = NN()
mtd.matmul(iw1)
mtd.bias_add(ib1)
mtd.sigmoid()
mtd.matmul(iw2)
mtd.bias_add(ib2)
mtd.sigmoid()
mtd.matmul(iw3)
mtd.bias_add(ib3)
mtd.sigmoid()
mtd.loss_square()
# 训练
for itr in range(100):
    ...
    mtd.fit(inx, iny)
```

模型的输出如下。

```
Layer 0: matmul
Layer 1: bias_add
Layer 2: sigmoid
Layer 3: matmul
Layer 4: bias_add
Layer 5: sigmoid
Layer 6: matmul
Layer 7: bias_add
Layer 8: sigmoid
Layer 9: loss
```
此模型迭代 100 次后精度为 96%。

5.3.2　调用 TensorFlow 实现全连接网络

前面说过，多层神经网络建模主要是为使形成的超曲面更加复杂。按照式 (4.2) 所示的多层神经网络的数学模型建立一个多层神经网络，见代码清单 5.10。

代码清单 5.10　多层神经网络示例

```
## 本例仅书写建模过程
# x、label 分别为图像数据和标签数据
x = tf.placeholder(tf.float32, [None, 20])
label = tf.placeholder(tf.float32, [None, 10])
# 构建第一层网络中的权值和偏置
W1 = tf.get_variable("W1", [20, 10])
b1 = tf.get_variable("b1", [10])
y1 = tf.nn.relu(tf.matmul(x, W1) + b1)
# 构建第二层网络中的权值和偏置
W2 = tf.get_variable("W2", [10, 10])
b2 = tf.get_variable("b2", [10])
y2 = tf.nn.relu(tf.matmul(y1, W2) + b2)
# 构建第三层网络中的权值和偏置
W3 = tf.get_variable("W3", [10, 10])
b3 = tf.get_variable("b3", [10])
y = tf.matmul(y2, W3) + b3
# 交叉熵计算
prob = tf.nn.softmax(y)
ce = tf.reduce_sum(- label * tf.log(prob), axis=1)
# 使用自带交叉熵函数
# ce=tf.nn.softmax_cross_entropy_with_logits(labels=label, logits=y)
loss = tf.reduce_mean(ce)
```

如此简单粗暴地解决问题，有时会产生更多问题，比如梯度，目前这是基础的多层神经网络结构。网络层数越多，所能解决的问题越复杂，相应的训练难度越大，如果以手写数字作为实例，则不能得到正确的结果。因此在深度神经网络中需要更多优化以解决训练难题。

5.3.3　空间变换

前面说到的第一个问题就是如何解决线性不可分的问题，这里以二维空间作为实例。前面说到的线性变换实际上就是对于空间的旋转以及拉伸，以此为开始自行绘制空间变换图像，见代码清单 5.11。

代码清单 5.11　空间变换

```
import matplotlib.pyplot as plt
import numpy as np
import matplotlib
matplotlib.style.use('ggplot')
```

```
N = 20
# 定义坐标点
x = np.zeros([11*N*2, 2])
x[:11*N, 0] = np.array([itr/N for itr in range(N)]*11)
x[:11*N, 1] = np.array(sum([[itr*0.1]*N for itr in range(11)], []))
x[11*N:, 0] = x[:11*N, 1]
x[11*N:, 1] = x[:11*N, 0]
# 进行线性变换
y = np.dot(x, np.array([[1, 0.5], [-0.5, 0.7]]))
# 绘制图像
plt.scatter(x[:, 0], x[:, 1], c='orange', marker='o', alpha=0.6)
plt.scatter(y[:, 0], y[:, 1], c='blue', marker='+', alpha=0.6)
plt.show()
```

加入非线性函数后空间坐标点发生扭曲，此时可以观察到明显的空间弯曲，见代码清单 5.12。

代码清单 5.12 空间扭曲

```
import matplotlib.pyplot as plt
import numpy as np
import matplotlib
matplotlib.style.use('ggplot')


def sigmoid(x):
    return 1/(1+np.exp(-x))


N = 20
# 定义坐标点
x = np.zeros([11*N*2, 2])
x[:11*N, 0] = np.array([itr/N for itr in range(N)]*11)
x[:11*N, 1] = np.array(sum([[itr*0.1]*N for itr in range(11)], []))
x[11*N:, 0] = x[:11*N, 1]
x[11*N:, 1] = x[:11*N, 0]
# 进行线性变换
y = sigmoid(np.dot(x, np.array([[1, 0.5], [-0.5, 0.7]])))
plt.scatter(x[:, 0], x[:, 1], c='orange', marker='o', alpha=0.6)
plt.scatter(y[:, 0], y[:, 1], c='blue', marker='+', alpha=0.6)
plt.show()
```

空间的弯曲是解决非线性问题的基础，也是深度神经网络强大表达能力的来源。

5.3.4 TensorFlow 高层 API

TensorFlow 中提供了更加方便的实现全连接网络的方式，包括 tf.layers 和 tf.contrib.layers 等，见代码清单 5.13。

代码清单 5.13　全链接网络其他实现方式

```
import tensorflow as tf
import tensorflow.contrib.layers as layers

…
# 默认 API
net = tf.layers.dense(net, 10, activation=tf.nn.relu)
# contrib 中函数变化较大，建议慎重使用
net = layers.fully_connected(net, 10, activation_fn=tf.nn.relu)
```

5.4　小结

　　本章从函数的角度解释了机器学习问题。但更重要的是，讲述了以深度神经网络建模的方式，这是一种简单而强大的建模方案，直接表现为我们可以使用多层神经网络去代替其他机器学习算法来完成机器学习问题，同时达到理想的精度。

　　实践部分，我们涉及了多层神经网络的反向求导过程。这实际上是一个动态规划的思想。希望读者根据实现自行理解机器学习库所谓的自动求导。

第 6 章
卷积神经网络

全连接网络是用来处理表格等结构化类型数据的，这种数据是与位置无关的。这令我们必须使用全连接结构来综合所有属性的信息。对于信号、图像等连续型数据，依然可以使用全连接网络进行处理，比如前面提到的手写数字识别的例子。但处理过程所建立的模型会异常庞大，这对训练和预测都是不利的。这些类型数据本身都带有局部性，这种局部性使特征的相对位置也成为特征的一部分。

卷积神经网络就是为了处理图像等连续型数据所产生的，因此很多概念产生于信号处理，甚至于"卷积"名称本身就是信号处理中的概念。因此在学习卷积神经网络之前，首先需要具备一定的信号处理基础。本章也将从这里展开。

计算视觉（图像等）和信号处理本身就属于单独的学科，因此希望读者在学习本章的卷积神经网络之后能够阅读相关的文献，这不仅有助于理解卷积神经网络，也是进行相关工作应该有的基础。

6.1 连续型数据

在进行任何机器学习任务之前都需要对数据进行了解，卷积神经网络可以处理多维连续型数据，但这里我们仅展示一维、二维连续型数据。一维连续型数据如图 6.1 所示。

图 6.1 展示了一维连续型数据，使用矩阵存储数据。

$$x_{[T,C]} \tag{6.1}$$

T 维度为数据的时间维度（也可以认为是一维空间），而 C 维度为通道维度，代表了不同的特征数据，对于图 6.1 来说就是 3 个不同的三角函数，因此 $C=3$。这里之所以成为一维连续数据，是因为在 C 的维度上数据可交换而不改变特征，在 T 的维度上进行数据点位置交换则会出现如图 6.2 所示的情况。

此时虽然可以使用全连接网络来进行建模，但是我们损失了很多数据本身的特征。二维连续数据与一维连续数据类似，这里我们常用的二维连续数据是图像。图像本身是一个三维矩阵。

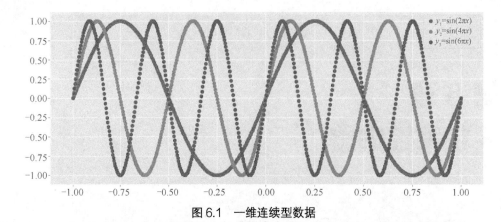

图 6.1 一维连续型数据

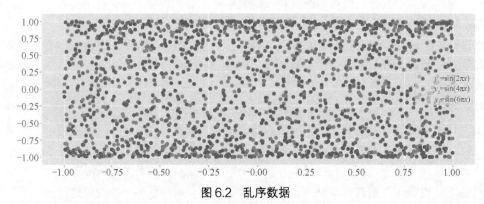

图 6.2 乱序数据

$$x_{[H,W,C]} \tag{6.2}$$

H、W 是图像的宽和高，C 为颜色通道。对于 RGB 颜色来说，有红、黄、蓝 3 个颜色通道。每一个颜色通道本身均携带一些信息，如图 6.3 所示。

图 6.3 图像和红、黄、蓝 3 个颜色通道图像

　　这里我们可以看到，由于图像本身是风景图，因此其中绿色成分较多，同时绿色通道所含的信息也较多。图像数据与波形数据类似，其单个数据点（或称像素点）仅是 3 个数值，并未带有足够的信息，而将像素点与周围像素点结合时才能携带足够多的信息。对于这种类型的数据，可以使用很多方法来提取特征，其中耳熟能详的就是卷积和互相关。

6.2　信号处理中的卷积

　　本节中我们将以一维连续数据作为例子来讲解信号处理中的卷积。卷积操作用公式可以表示为式 (6.3)。

$$h(x) = \int_{-\infty}^{+\infty} f(\tau)g(x-\tau)\,\mathrm{d}\tau$$
$$h(x) = (f*g)(x) \tag{6.3}$$

　　这里有几个概念需要解释，在此假设 f 为输入，h 为输出。

（1）输出 h 可以称为特征图（Feature Map）。

（2）参数 g 可以称为核函数（Kernel Function）。

（3）卷积（Convolution）符号为*。

（4）卷积核心 g 的顺序是反向的，注意其与互相关的区别。互相关的计算公式如下。

$$h(x) = \int_{-\infty}^{+\infty} f(\tau)g(x+\tau)\,\mathrm{d}\tau \tag{6.4}$$

（5）实际上，机器学习库实现的计算应该是滑动互相关计算，而非卷积。

　　在一些快速算法中，卷积操作会变为频率域。在频率域中，卷积运算为普通的乘法运算，时频变换可以借助快速傅里叶变换算法（FFT）完成卷积计算。

6.2.1　滑动互相关与特征提取

　　就互相关而言，我们评估的是信号 f 与 g 的相似度，并将其形成特征图。特征图本身就使用相对值的大小代表了 f 与 g 的相似度大小。这里使用图 6.4 来解释。

　　可以看到，在滑动互相关过程所得的结果中，由于 g_1 本身与 f 部分波形存在很高的相似性，因此在互相关结果上表现出了一个极大值。由于 g_2 与函数本身不存在相似性，因此互相关结果中无明显的最大值。在滑动互相关中将 g 称为模板。实际上使用模板可以提取数据中与模板相似度较高的特征。对于二维数据来讲也有类似的过程，比如我们对使用的窗口截图后进行互相关处理，如图 6.5 所示，图中的代码没有任何含义，仅作为文本展示。

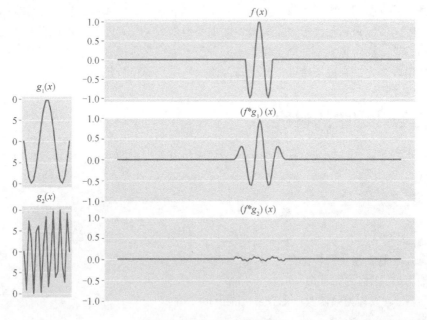

图 6.4 滑动互相关过程演示

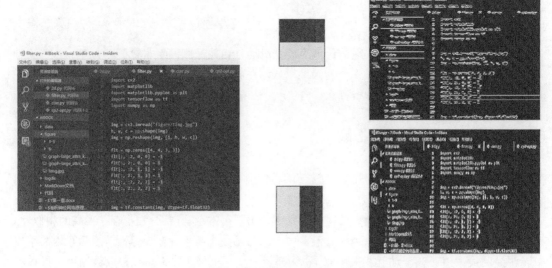

图 6.5 二维数据滑动互相关结果

图 6.5 使用的模板如中间所示,其是一个 4×4 的矩阵,深色部分取值-1,浅绿色部分取值为 1。由此可以看到使用不同模板得到的特征是不同的。上面可以突出图像中的横向线条,而下面可以突出纵向线条。从另一个角度来讲这称为滤波器(Filter)。

6.2.2 滤波概念与滑动互相关关系

滤波概念在图像和信号处理中使用广泛，而"卷积"或者"褶积"本身就是滤波。常见的滤波操作是傅里叶变换，其数学形式如下。

$$F(\omega) = \mathcal{F}(f) = \int_{\mathbb{R}^n} f(x)e^{-2\pi i x \omega} dx \tag{6.5}$$

图 6.6 展示了滤波过程与图像。

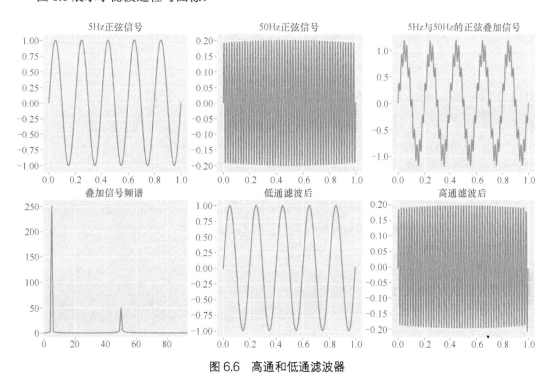

图 6.6 高通和低通滤波器

所谓高通滤波器，就是将信号变为频率域后减少高频部分的幅度值，过程见代码清单 6.1。

代码清单 6.1 滤波器设计

```
from scipy import signal
import numpy as np
import matplotlib.pyplot as plt
import matplotlib
matplotlib.style.use("ggplot")

plt.rcParams['font.sans-serif'] = ['SimHei']
plt.rcParams['axes.unicode_minus'] = False
```

```
N = 500
T = 5
x = np.linspace(0, 1, N)

# 频率为 5Hz 的正弦信号
y1 = np.sin(2 * np.pi * T * x)
plt.subplot(231)
plt.plot(x, y1)
plt.title(u'5Hz 的正弦信号')
plt.axis('tight')

# 频率为 50Hz 的正弦信号
plt.subplot(232)
plt.plot(x, np.sin(2 * np.pi * T * x * 10) * 0.2)
plt.title(u'50Hz 的正弦信号')
plt.axis('tight')


y2 = np.sin(2 * np.pi * T * x * 10) * 0.2 + y1

plt.subplot(233)
plt.plot(x, y2)
plt.title(u'5Hz 与 50Hz 的正弦叠加信号')
plt.axis('tight')

b, a = signal.butter(3,0.08,'low')
y3 = signal.filtfilt(b, a, y1)

plt.subplot(234)
plt.plot(np.linspace(0, N, N), np.abs(np.fft.fft(y2)))
plt.title(u'叠加信号频谱')
plt.axis('tight')

plt.subplot(235)
plt.plot(x, y3)
plt.title(u'低通滤波后')
plt.axis('tight')

b, a = signal.butter(3,0.10,'high')
y4 = signal.filtfilt(b, a, y2)

plt.subplot(236)
plt.plot(x, y4)
plt.title(u'高通滤波后')
```

```
plt.axis('tight')

plt.show()
```

低通滤波器与高通滤波器相反，是减少低频部分的幅度值。这相当于频率在频率域上与滤波器进行相乘。

$$S = F(\omega)G(\omega) \tag{6.6}$$

而卷积与频谱相乘的关系如下。

$$
\begin{aligned}
F(\omega) &= \mathcal{F}(f) = \int_{\mathbb{R}^n} f(x)e^{-2\pi i x\omega}\mathrm{d}x \\
G(\omega) &= \mathcal{F}(g) = \int_{\mathbb{R}^n} g(x)e^{-2\pi i x\omega}\mathrm{d}x \\
H(\omega) &= F(\omega)\cdot G(\omega) \\
h(x) &= \mathcal{F}^{-1}(H) = \int_{\mathbb{R}^n} g(x)e^{2\pi i x\omega}\mathrm{d}\omega
\end{aligned}
\tag{6.7}
$$

由此卷积与滤波实际上只是在时间和频率域上进行的操作而已。而 $g(x)$ 可以称为时间域滤波器。在卷积神经网络中经常听见"滤波器"这个词，就来源于此。在此我们可以使用"互相关"来完成类似的滤波操作，见代码清单 6.2。

代码清单 6.2　滑动互相关

```python
import numpy as np
N = 500
T = 5
x = np.linspace(0, 1, N)

y1 = np.sin(2 * np.pi * T * x)
y2 = np.sin(2 * np.pi * T * x * 10) * 0.2 + y1
g = np.ones([30])/30
y = []
for itr in range(N-30):
    y.append(np.sum(y1[itr:itr+30] * g))
```

最终的结果如图 6.7 所示。

可以看到，这里由于 g 的所有值均相等，因此既是卷积又是互相关操作，而从最终所得的结果可以看到高频信号（50Hz）被"滤除"了。观察频率可以看到，此时 g 的频谱在低频部分有较高的幅度值，这也是其能完成低频滤波的原因所在。在练习章节将展示图像的滤波操作。

这里需要读者知道的是，机器学习中卷积计算只是一个互相关，对于一个特征图来说其离散形式如下。

$$Y_j = \sum_m X_{j+m}W_m \tag{6.8}$$

由于在机器学习中权值 W 是自适应获得的，因此没有必要纠结于卷积和互相关的差别。从这个角度来看，由于权值 W 是来源于训练数据的，因此其特征提取相比于我们的固定特征（频谱变换）来说会更加有效。

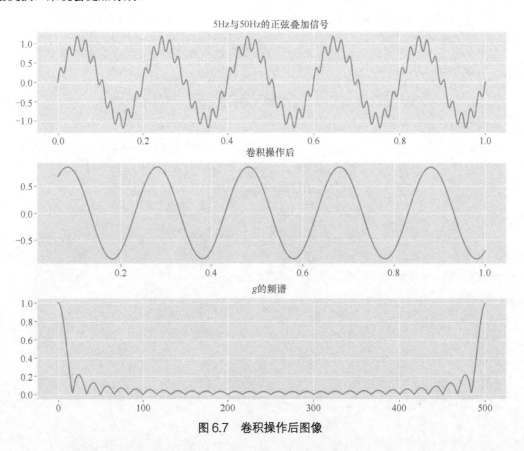

图 6.7　卷积操作后图像

6.3　从神经网络的角度看待卷积神经网络

卷积神经网络是对传统全连接网络的优化，这种优化的前提是图像和信号的特征具有局部性。由于这种局部性使全连接网络权值出现冗余，因此需要对部分权值进行删减，也就是说全连接权值W变为稀疏的（大部分为 0）。这一过程称为稀疏交互（Sparse Interactions）。在全连接网络中，为了获取y_i需要对所有输入的x进行计算。

$$y_i = \sum_k x_k W_{i,k} \tag{6.9}$$

假设每个隐藏层都有 100 个输出，那么仅一层的权值矩阵W就有10^4个浮点数。这会出现维数灾（Curse of Dimensionality）。此时即便完成一个简单的任务，算法时间和空间复杂度也会出现极大的增长。为解决这个问题，可以利用信号的局部性，在计算过程中仅计算y临近的数据点。

$$y_i = \sum_{k=1}^{m} x_{i+k} W_{i,k} \tag{6.10}$$

假设 $m=5$，那么在计算 y_i 时只用到了 5 个权值 W，其他权值为 0，权值个数共为 $N×5$。这样就可以利用信号本身的特征使需要学习的权值数量大大减少。信号不同位置的特征是相似的，因此为进一步压缩权值产生了权值共享的概念，也就是说不同位置所用的是同一个权值。

$$y_i = \sum_{k=1}^{m} x_{i+k} W_k \tag{6.11}$$

此时权值 W 浮点型数字被压缩到 5 个，这个数字称为卷积核心大小（Kernel Size），此时相比于上一步，权值又得到了大大缩减。这实际上就是一个标准的滑动互相关，其可以用于提取与 W 相似的特征。

到此为止我们已经理解了全连接和卷积之间的关系。另外还需要明白一点，单一卷积核心所学的特征数量不足以进行机器学习，在此之上引入了多张特征图，这需要多个卷积核心进行互相关操作。

$$y_{in} = \sum_{k=1}^{m} x_{k+i} W_{kn} \tag{6.12}$$

目前所用的信号均为一维。在应对多个特征图时需要继续进行求和运算。因此为了处理式 (6.12) 的输出，需要修改卷积核心的格式。

$$z_{in} = \sum_{k=1}^{m} \sum_q y_{k+i,q} W_{kqn} \tag{6.13}$$

这是对一维信号进行的卷积处理，数据形式为[时间，通道]，单一通道数据所对应的就是一张特征图。这与本章开始给定的数据形式是一致的。对二维的情况其数学形式如下。

$$y_{ijk} = \sum_{p=1}^{m} \sum_{q=1}^{m} \sum_r x_{i+p,j+q,r} W_{pqrk} \tag{6.14}$$

$x[h,w,c]$ 各维度分别代表图像的[长，宽，通道]，对于图像而言，其对应的矩阵是一个三维矩阵。此时卷积核心为一个四维矩阵。

6.4 卷积神经网络

前面已经从图像信号和神经网络两个角度对卷积神经网络进行了说明，本节将给出卷积神经网络明确的数学形式以及其反向求导过程。这对于完整地实现卷积神经网络是必要的。本章将使用图像类型数据作为示例，至于一维、三维等数据读者可以自行推导。

6.4.1 输入数据形式

这里的输入数据指的是二维图像类型的数据，因此包含了长宽以及通道维度。对于机器学习过程来说，我们每次均需要输入不同数量的样本，因此还包含图像数量维度。对于神经网络来说其输入数据形式如下。

$$[样本数量，图像的高，图像的宽，图像通道] \tag{6.15}$$

这是一个四维的矩阵。需要说明的是，为了方便计算，每组图像数据的长宽都是一致的。但这并不代表卷积神经网络只能处理固定大小的图像，实际上卷积神经网络可以处理任意大小的图像。同时，由于图像的通道经过卷积处理，因此通道数并不限于 3，在卷积之后通道数会增多或减少。

6.4.2 卷积的数学形式

前面已经对二维卷积进行了一个简单的说明，这里将对卷积的形式进行更加具体的说明。

$$
\begin{aligned}
y_{nuvk} &= \sum_{p=1}^{m} \sum_{q=1}^{m} \sum_{r} x_{n,i+p,j+q,r}\, W_{pqrk} \\
i &= u \cdot s \\
j &= v \cdot s \\
s &= 1, \cdots \infty
\end{aligned}
\tag{6.16}
$$

x 是输入数据，y 是卷积后数据，W 是卷积核心，m 是卷积核心大小，s 为步长（stride）。在 $stride \neq 1$ 时，y 的长宽会变小从而完成降采样工作。当然，卷积核心两个 m 并不一定相等，可以视情况而定。假设原始数据 x 的维度为 $[N, H, W, C]$，新生成的 y 的维度为 $[N, H2, W2, C2]$，此时长宽与 stride 的关系如下。

$$
\begin{cases}
H2 = \left\lceil \dfrac{H}{s} \right\rceil, \text{padding} = \text{"SAME"} \\
H2 = \left\lfloor \dfrac{H-m}{s} \right\rfloor + 1, \text{padding} = \text{"VALID"}
\end{cases}
\tag{6.17}
$$

在卷积层中引入步长可以使特征图的长宽变小，此时卷积层完成了一次降采样过程。降采样会减少后续的计算代价。

6.4.3 感受野

卷积神经网络的另一个重要概念是感受野（Receptive Field）。举个例子来说，对于式 (6.16)，如果 $m = 3$，$s = 1$，那么影响 y_i 输出所对应的输入 x_i 的个数为 3，此时感受野大小为 3。如果在此基础上搭建同样的卷积层，输出结果 z，此时 z_i 对应的 x_i 的个数为 5，则 z 所对应的感受野大小为 5。感受野的定义为某一层输出会受到输入层影响的范围大小。这个概念之所以非常重要，是因为感受野直接决定了神经网络的识别范围大小，比如识别物体最大像素数为 50×50，那么如果使用感受野为 20×20 大小的神经网络，可能在识别过程中就会出现问题。如果引入概率，则实际上感受野代表了概率的依赖关系。我们绘图来说明，这里简化为一维的情况 z，如图 6.8 所示。

可以看到 z_5 的输出所对应的输入有 $x_3, \cdots, x_7$，因此感受野大小为 5。感受野是卷积神经网络中一个非常重要的概念，很多建模以及优化与感受野相关。我们有几种简单的方式来增大感受野。

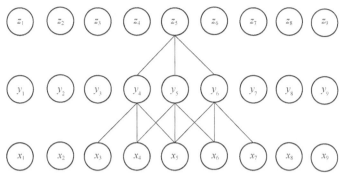

图 6.8　两层神经网络的感受野演示

6.4.4　加深网络与调整步长

通过上面的描述可以看到，感受野可以通过加深网络层数来增大。当然，在这种深度之上还可以加入步长（stride）操作，引入步长后，上层神经网络可以获得更大的感受野，同时减少特征图的大小，如图 6.9 所示。

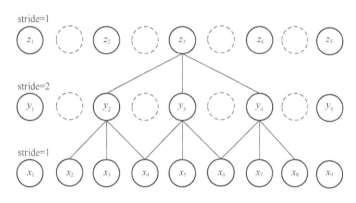

图 6.9　增加步长

由图 6.9 可以看到，某一点的输出所对应的输入在加入 stride 之后变大了，也就是增大了感受野。在增大感受野的同时减少了特征图的大小，使后续计算效率得以提升。这种降采样过程通常是由池化层所引入的。

6.4.5　池化层的数学形式

一般而言，添加步长是在池化层之上的。池化层就是在特征图一定大小范围内，选择一个最大值（maxpool）或者取平均数值（avgpool）。其具体形式如下。

$$y_{nuvk} = f(x_{n,i\cdot i+m,j:j+m,k})$$
$$i = u \cdot s$$
$$j = v \cdot s$$
$$f = \begin{cases} \max(\cdot), \text{最大池化} \\ \text{mean}(\cdot), \text{平均池化} \end{cases}$$

(6.18)

这里s依然为步长。如果x的维度是$[N,H,W,C]$，y的维度是$[N,H2,W2,C]$，则符合前面所述的关系。

$$\begin{cases} H2 = \lceil \frac{H}{s} \rceil, \text{padding} = \text{"SAME"} \\ H2 = \lfloor \frac{H-m}{s} \rfloor + 1, \text{padding} = \text{"VALID"} \end{cases}$$

(6.19)

图 6.10 展示了池化层的计算方式。

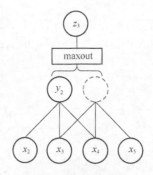

图 6.10　最大池化

在卷积结构中，所得到的特征图是与位置严格相关的。某一点的输出值取决于其输入以及具体位置。而在引入最大池化层后会使一定范围内最大的值被输出，这种方式可以在一定程度上解决图像的平移不变性问题。因为在图像处理过程中我们需要的特征位置通常是有所变化的。而池化层可以在一定程度上解决这种问题，如图 6.11 所示。

可以看到，在引入池化层并对特征进行平移后某一神经网络单元的输出不变。由此可知，池化层可以一定程度上解决图像的平移问题。

6.4.6　空洞卷积

通过前面的内容很容易发现，增大感受野的一个简单方式就是增加 m 的数值，也就是增大卷积核心大小。这种简单粗暴的方式会使可训练参数数量增多，并不是一种好方法。另外一种方法是再次假设卷积核心是稀疏的，也就是在卷积核心中插入 0，以 kernelsize=5 为例，第 2

和第 4 个权值位置假设为 0，那么实际上卷积核心的有效大小为 3，但是感受野大小为 5，这种方法称为空洞卷积（Dilated Convolution）或扩张卷积，它可以在不改变图像大小的情况下增大感受野。

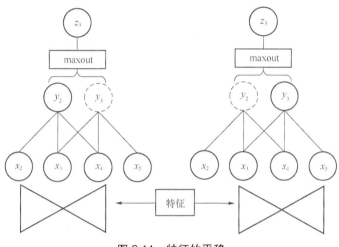

图 6.11　特征的平移

6.4.7　图像金字塔

前面两种方法均是对网本身进行处理，另外一种解决思路是在输入上进行改变。假设固定感受野大小为 40×40，那么在处理图像过程中我们可以将图像重采样为不同的大小。

```
30×30
> 40×40
>> 70×70
>>> 100×100
>>>> 130×130
```

在这些图像中总会出现符合感受野大小的物体。这是在模型应用过程中所采取的策略。

6.5　卷积神经网络反向传播算法

深度神经网络层分为向前传播与反向传播两种。卷积神经网络的一般组件包括卷积层、池化层和全连接层。下面对这 3 个组件的向前与反向传播过程进行描述。

6.5.1　卷积层反向传播

卷积层误差反向传播的过程如下。

$$e_{bijr}^l = \frac{\partial loss}{\partial x_{bijr}^l}$$

$$= \frac{\partial loss}{\partial x_{buvk}^{l+1}} \frac{\partial x_{buvk}^{l+1}}{\partial x_{bijr}^l} = \left(\sum_{u+p=i} \sum_{v+q=j} \sum_k e_{buvk}^{l+1} W_{pqkr}\right) \tag{6.20}$$

$$i = u \cdot stride$$
$$j = v \cdot stride$$

卷积层可训练参数如下。

$$\frac{\partial loss}{\partial W_{mnqr}} = \sum_b \sum_{c-i=m} \sum_{d-j=n} e_{buvr}^{l-1} x_{bcdq}^l \tag{6.21}$$

$$i = u \cdot stride$$
$$j = v \cdot stride$$

6.5.2　池化层反向传播

池化层在反向传播过程中只需知道具体哪一个值最大即可，误差选择取得极大值的神经元传播，其他输出反向传播误差为 0。

6.5.3　展开层反向传播

卷积神经网络与全连接网络之间需要一个展开层过渡，使矩阵符合卷积、全链接的输入与输出，因此误差传播过程仅为对矩阵进行的变换。

6.6　实践部分

6.6.1　卷积结构滤波

简单的卷积结构可以直接得到结果，不同的卷积核心可以使图像进行不同形式的变换，见代码清单 6.3。

代码清单 6.3　卷积图像滤波

```
# 引入库函数
import numpy as np
import matplotlib.image as img
import matplotlib.pyplot as plt
```

```
from scipy import signal
# 卷积操作
def filter(indata):
    out = np.zeros_like(indata)
    # 低通滤波器、模糊
    kernel = np.array([[1,1,1],[1,1,1],[1,1,1]])/9.
    # 高通滤波器
    #kernel = np.array([[0, 1, 0], [1, 9, 1], [0, 1, 0]])
    # 边缘检测1
    #kernel = np.array([[-1, 0, -1], [0, 4, 0], [-1, 0, -1]])
    # 边缘检测2
    #kernel = np.array([[-1, -1, -1], [-1, 8, -1], [-1, -1, -1]])
    # 模糊
    #kernel = np.array([[1,2,1],[2,4,2],[1,2,1]])/16
    for itr in range(len(indata[0,0,:])):
        out[:, :, itr] = signal.convolve2d(indata[:, :, itr],kernel,boundary='symm',
mode='same')
    return out
# 读取图像
data = img.imread("data/demo.jfif")
# 图像输出
plt.figure(1)
plt.subplot(121)
plt.title("Orignal")
plt.imshow(data)
plt.subplot(122)
plt.title("Filter")
plt.imshow(filter(data))
plt.show()
```

最终低通滤波所得结果如图 6.12 所示。

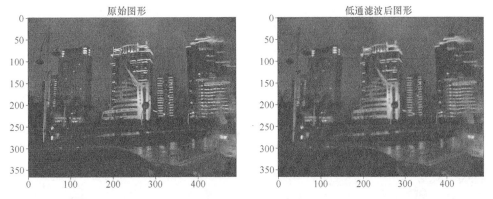

图 6.12 低通滤波图像

通过更换不同的卷积核心可以得到不同的结果，比如强调边缘的高通滤波器，如图 6.13
所示。

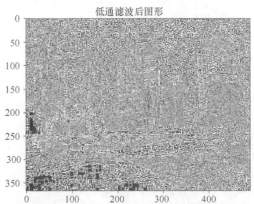

图 6.13　高通滤波结果

作为矩阵运算库之一，Tensorflow 可以实现上述过程，由式 (6.16) 可以看到二维卷积格式
的输入矩阵为三维矩阵，为了在机器学习中一次输入多个数据，需要增加一维批尺寸，因此是
四维数据。卷积核心对应的四维数据分别为 [KernelSize1，KernelSize2，输入通道数（特征图
数量），输出通道数（需要自行进行定义）]，见代码清单 6.4。

代码清单 6.4　TensorFlow 卷积函数实现相同功能

```
import numpy as np
import matplotlib.image as img
import matplotlib.pyplot as plt
import tensorflow as tf

data = img.imread("data/demo.jfif")
h, w, c = np.shape(data)
# 对数据进行归一化
data = data/255
# 初始化卷积核心
kernel_init = np.zeros([3, 3, 3, 3])
kernel_init[:, :, 0, 0] = np.array([[1,1,1],[1,1,1],[1,1,1]])/9.
kernel_init[:, :, 1, 1] = np.array([[1,1,1],[1,1,1],[1,1,1]])/9.
kernel_init[:, :, 2, 2] = np.array([[1,1,1],[1,1,1],[1,1,1]])/9.

kernel = tf.cast(tf.constant(kernel_init), tf.float32)
# 转换为 TensorFlow 数据格式
x = tf.cast(tf.constant(np.reshape(data, [1, h, w, c])), tf.float32)
# 卷积操作
```

```
y = tf.nn.conv2d(x, kernel, strides=[1, 1, 1, 1], padding='SAME')
# 运行计算
sess = tf.Session()
filter_data = sess.run(y)
# 滤波后数据
filter_data = np.reshape(filter_data, [h, w, c])
# 绘制图像
plt.figure(1)
plt.subplot(121)
plt.title("Orignal")
plt.imshow(data)
plt.subplot(122)
plt.title("Filter")
plt.imshow(filter_data)
plt.show()
```

TensorFlow 本身就支持多个特征图计算，需要做的只是对卷积核心的相应位置进行赋值。

6.6.2 卷积神经网络从零实现

本节使用的是 MNIST 数据集。MNIST（Mixed National Institute of Standards and Technology database）是一个计算机视觉数据集，它包含 70 000 张手写数字的灰度图像，其中每一张图像包含 28×28 个像素点，保存形式为长度为 784 的向量。

实现过程中神经网络拆分成几个计算层，每一层都有反向传播误差与训练参数的两个导数需要计算。每一层又分为两个部分，第一个部分用于计算正向传播过程，第二个部分用于计算反向传播过程。导数与误差均在反向传播过程之中计算，相比于全连接实践添加了卷积层，见代码清单 6.5。

代码清单 6.5 卷积层

```
def _conv2d(self, inputs, filters, par):
        stride, padding = par
        B, H, W, C = np.shape(inputs)
        K, K, C, C2 = np.shape(filters)
        H2 = int((H-0.1)//stride + 1)
        W2 = int((W-0.1)//stride + 1)
        pad_h_2 = K + (H2 - 1) * stride - H
        pad_w_2 = K + (W2 - 1) * stride - W
        pad_h_left = int(pad_h_2//2)
        pad_h_right = int(pad_h_2 - pad_h_left)
        pad_w_left = int(pad_w_2//2)
        pad_w_right = int(pad_w_2 - pad_w_left)
        X = np.pad(inputs, ((0, 0),
```

```
                            (pad_h_left, pad_h_right),
                            (pad_w_left, pad_w_right),
                            (0, 0)), 'constant', constant_values=0)
        out = np.zeros([B, H2, W2, C2])
        for itr1 in range(B):
            for itr2 in range(H2):
                for itr3 in range(W2):
                    for itrc in range(C2):
                        itrh = itr2 * stride
                        itrw = itr3 * stride
                        out[itr1, itr2, itr3, itrc] = np.sum(X[itr1, itrh:itrh+K,
itrw:itrw+K, :] * filters[:,:,:,itrc])
        return out
    def _d_conv2d(self, in_error, n_layer, layer_par=None):
        stride, padding = self.layer[n_layer][1]
        inputs = self.outputs[n_layer]
        filters = self.value[n_layer]
        B, H, W, C = np.shape(inputs)
        K, K, C, C2 = np.shape(filters)

        H2 = int((H-0.1)//stride + 1)
        W2 = int((W-0.1)//stride + 1)
        pad_h_2 = K + (H2 - 1) * stride - H
        pad_w_2 = K + (W2 - 1) * stride - W
        pad_h_left = int(pad_h_2//2)
        pad_h_right = int(pad_h_2 - pad_h_left)
        pad_w_left = int(pad_w_2//2)
        pad_w_right = int(pad_w_2 - pad_w_left)
        X = np.pad(inputs, ((0, 0),
                            (pad_h_left, pad_h_right),
                            (pad_w_left, pad_w_right),
                            (0, 0)), 'constant', constant_values=0)
        error = np.zeros_like(X)
        for itr1 in range(B):
            for itr2 in range(H2):
                for itr3 in range(W2):
                    for itrc in range(C2):
                        itrh = itr2 * stride
                        itrw = itr3 * stride
                        error[itr1, itrh:itrh+K, itrw:itrw+K, :] += in_error[itr1,
itr2, itr3, itrc] * filters[:,:,:,itrc]
        self.d_value[n_layer] = np.zeros_like(self.value[n_layer])
        for itr1 in range(B):
            for itr2 in range(H2):
                for itr3 in range(W2):
```

```
                        for itrc in range(C2):
                            itrh = itr2 * stride
                            itrw = itr3 * stride
                            self.d_value[n_layer][:, :, :, itrc] += in_error[itr1, itr2,
itr3, itrc] * X[itr1, itrh:itrh+K, itrw:itrw+K, :]
            return error[:, pad_h_left:-pad_h_right, pad_w_left:-pad_w_right, :]
        def conv2d(self, filters, stride, padding="SAME"):
            self.value.append(filters)
            self.d_value.append(np.zeros_like(filters))
            self.layer.append((self._conv2d, (stride, padding), self._d_conv2d, None))
            self.layer_name.append("conv2d")
```

偏置项与全连接层类似，是相对于特征图而言的，见代码清单 6.6。

代码清单 6.6 偏置项修改

```
    def _bias_add(self, inputs, b, *args, **kw):
        return inputs + b
    def _d_bias_add(self, in_error, n_layer, *args, **kw):
        shape = np.shape(in_error)
        dv = []
        if len(shape) == 2:
            self.d_value[n_layer] = np.sum(in_error, axis=0)
        else:
            dv = np.array([np.sum(in_error[:, :, :, itr]) for itr in range
(shape[-1])])
            self.d_value[n_layer] = np.squeeze(np.array(dv))
        return in_error
    def bias_add(self, bias, *args, **kw):
        self.value.append(bias)
        self.d_value.append(np.zeros_like(bias))
        self.layer.append((self._bias_add, None, self._d_bias_add, None))
        self.layer_name.append("bias_add")
```

为与全连接层联合使用，需要定义展开层，见代码清单 6.7。

代码清单 6.7 展开层

```
    def _flatten(self, X, *args, **kw):
        B = np.shape(X)[0]
        return np.reshape(X, [B, -1])
    def _d_flatten(self, in_error, n_layer, layer_par):
        shape = np.shape(self.outputs[n_layer])
        return np.reshape(in_error, shape)
    def flatten(self):
        self.value.append([])
        self.d_value.append([])
```

```
            self.layer.append((self._flatten, None, self._d_flatten, None))
            self.layer_name.append("flatten")
```

池化层无可训练参数，但是会产生向前传播的误差，见代码清单 6.8。

<h3 align="center">代码清单 6.8　最大池化层</h3>

```
    def _maxpool(self, X, _, stride, *args, **kw):
        B, H, W, C = np.shape(X)
        X_new = np.reshape(X, [B, H//stride, stride, W//stride, stride, C])
        return np.max(X_new, axis=(2, 4))
    def _d_maxpool(self, in_error, n_layer, layer_par):
        stride = layer_par
        X = self.outputs[n_layer]
        Y = self.outputs[n_layer + 1]
        expand_y = np.repeat(np.repeat(Y, stride, axis=1), stride, axis=2)
        expand_e = np.repeat(np.repeat(in_error, stride, axis=1), stride, axis=2)
        return expand_e * (expand_y == X)
    def maxpool(self, stride, *args, **kw):
        self.value.append([])
        self.d_value.append([])
        self.layer.append((self._maxpool, stride, self._d_maxpool, stride))
        self.layer_name.append("maxpool")
```

这里选择激活函数为修正线性激活函数，见代码清单 6.9。

<h3 align="center">代码清单 6.9　修正线性激活函数</h3>

```
    def _relu(self, X, *args, **kw):
        return (X + np.abs(X))/2.
    def _d_relu(self, in_error, n_layer, layer_par):
        X = self.outputs[n_layer]
        drelu = np.zeros_like(X)
        drelu[X>0] = 1
        return in_error * drelu
```

代码与全连接层共享代码，因此不单独列出。程序运行过程中对网络进行描述，见代码清单 6.10。

<h3 align="center">代码清单 6.10　程序运行</h3>

```
# 初始化值
cw1 = np.random.uniform(-0.1, 0.1, [5, 5, 1, 32])
cb1 = np.zeros([32])

fw1 = np.random.uniform(-0.1, 0.1, [7 * 7 * 32, 10])
fb1 = np.zeros([10])
```

```
# 建立模型
mtd = NN()

mtd.conv2d(cw1, 1)
mtd.bias_add(cb1)
mtd.relu()
mtd.maxpool(4)
mtd.flatten()
mtd.matmul(fw1)
mtd.bias_add(fb1)
mtd.sigmoid()
mtd.loss_square()

# 训练
for itr in range(100):
    ...
    mtd.fit(inx, iny)
```

6.6.3　卷积神经网络的 TensorFlow 实现

卷积神经网络与上一个实例不同，其核心是自适应获取的，因此需要使用变量进行定义。依然以手写数字作为实例，见代码清单 6.11。

代码清单 6.11　手写数字识别

```
import tensorflow as tf

# 卷积函数
def conv2d_layer(input_tensor, size=1, feature=128, name='conv1d'):
    """
    定义卷积函数
    参数 input_tensor: 输入矩阵
    参数 size: kernel_size
    参数 feature: 新特征图数量
    """
    with tf.variable_scope(name):
        # 获取旧特征图数量
        shape = input_tensor.get_shape().as_list()
        kernel = tf.get_variable(
            'kernel',
            (size, size, shape[-1], feature),
            dtype=tf.float32,
            initializer=tf.truncated_normal_initializer(stddev=0.1))
            # 初始化值很重要，但像文中那种不好的初始化值会导致迭代收敛极为缓慢
```

```
        b = tf.get_variable(
            'b', [feature], dtype=tf.float32,
            initializer=tf.constant_initializer(0))
        # 卷积过程
    out = tf.nn.conv2d(
        input_tensor,
        kernel,
        strides=[1, 2, 2, 1],
        padding='SAME') + b
    # 通过激活函数
    return tf.nn.relu(out)
# 全连接函数
def full_layer(input_tensor, out_dim, name='full'):
    with tf.variable_scope(name):
        shape = input_tensor.get_shape().as_list()
        W = tf.get_variable(
            'W', (shape[1], out_dim),
            dtype=tf.float32,
            initializer=tf.truncated_normal_initializer(stddev=0.1))
        b = tf.get_variable(
            'b', [out_dim], dtype=tf.float32,
            initializer=tf.constant_initializer(0))
        out = tf.matmul(input_tensor, W) + b
    return out


with tf.variable_scope("input"):
    # 输入 x 为灰度图，注意进行归一化
    x = tf.placeholder(tf.float32, [None, 28, 28, 1], name="input_x")
    label = tf.placeholder(tf.float32, [None, 10], name="input_label")
# 第一层卷积
net = conv2d_layer(x, size=4, feature=32, name='conv1')
# 加入池化层，用于提取特征
net = tf.nn.max_pool(
    net, ksize=[1, 2, 2, 1],
    strides=[1, 2, 2, 1], padding='SAME')
# 定义卷积层
net = conv2d_layer(net, size=4, feature=32, name='conv2')
net = tf.nn.max_pool(
    net, ksize=[1, 2, 2, 1],
    strides=[1, 2, 2, 1], padding='SAME')
# flatten 层，用于将三维的图像数据展开成一维数据，用于全连接层
net = tf.layers.flatten(net)
y=full_layer(net, 10, name='full')
```

```
with tf.variable_scope("loss"):
    # 定义 loss 函数
    ce=tf.nn.softmax_cross_entropy_with_logits(labels=label, logits=y)
    loss = tf.reduce_mean(ce)
train_step = tf.train.GradientDescentOptimizer(0.5).minimize(loss)

correct_prediction = tf.equal(tf.argmax(y, 1), tf.argmax(label, 1))
accuracy = tf.reduce_mean(tf.cast(correct_prediction, tf.float32))
```

6.6.4 卷积神经网络其他 API

与全连接网络一样，卷积神经网络也有相关的 API 可以使用，见代码清单 6.12。

代码清单 6.12 卷积神经网络 API

```
import tensorflow as tf
import tensorflow.contrib.layers as layers

…
# 常用 API
net = tf.layers.conv2d(net, 34, 3)
net = tf.layers.max_pooling2d(net, 2, 2)
# contrib 内函数随版本变化较大，慎重使用
net = layers.conv2d(net, 34, 3)
net = layers.max_pool2d(net, 2, 2)
```

6.7 小结

本章我们主要讲解卷积神经网络，其适用于处理连续型的数据，比如波形和图像。这些数据都具有局部性，同时不像表格类型数据那样可交换行列。为了描述这种局部性，产生了感受野的概念。

实践部分实现了卷积层、池化层的正向与反向传播过程。希望读者根据代码理解公式，并能够用其他语言完成卷积网络的预测过程。

第 7 章
循环神经网络基础

本章我们将介绍循环神经网络。与第 6 章卷积神经类似，循环神经网络也是为处理连续类型数据而产生的，但卷积神经网络由于感受野的原因，更加适合于一些短时依赖问题，对于超过感受野的信息则无能为力。而循环神经网络由于网络本身结构的原因，可以处理更长时间的依赖问题（时间步增多，效果越差）。因此，循环神经网络更加适合于处理文本类型的连续数据。

循环神经网络本身是对全连接网络的一种扩展，这其中也包含了类似于共享权值的思想。因此如果读者对全连接网络很熟悉，则学习本章也不会有较大问题。但是由循环神经网络所衍生的内容较多，比如编码—解码（Encoder Decoder）结构。这些结构的产生使循环神经网络可以处理任意长度的文本，比如完成自然语言翻译、对话机器人等任务。循环神经网络本身比卷积网络更难训练。因此很多时候我们会尝试使用卷积网络代替循环网络，这代表卷积网络与循环网络两者本身并没有根本性的区别，很多时候两者是可以通用的。

本章将从文本数据开始介绍循环神经网络，并将其用于文本分类、文本生成等任务之中。在完成对本章内容的学习之后，希望读者对自然语言处理能够有一个完整思路。自然语言处理是机器学习中一个常用而且相对复杂的内容，因此希望感兴趣的读者认真阅读本章。

7.1 文本数据类型

在其他章节中均是将数据和网络模型结合在一起介绍的，而在本章中将其独立，因为文本数据在机器学习领域是较难处理的。由文本所衍生的自然语言处理（NLP）则是机器学习中的单独学科，其与计算机视觉（CV）均是机器学习中的一个学科方向，因此要深入探索的读者可能还需要具备相关领域的知识。本节只是对深度神经网络中相关的数据内容进行阐述。

7.1.1 无顺序文本

文本向量化一直是一个难以理解的问题。传统的文本建模方式是基于词频统计的，没有前后文的区别。这里的建模思路就是，在处理文本的过程中，出现了哪些词可能更加重要，而词出现的顺序可能并非很重要。因此，仅对文中出现的词进行词频统计，从而得到表 7.1。

表 7.1 词频统计向量化方式

词频	词 1	词 2	词 3	...	词 n
文章 1	0	3	1	...	0
⋮	⋮	⋮	⋮	⋮	⋮
文章 m	0	0	2	...	0

用以上方式进行文本向量化，文章被保存成基于词频的向量。n 为所有文章中出现的所有词的个数，而且词的顺序是无关紧要的。比如我们看到文章中出现了"篮球""比赛"等词，就应该大致知道这篇文章属于"体育"类新闻，此时词语顺序并不重要。文本向量是稀疏的（大部分都是 0）。而且需要注意，中文、英文文本都是以"词"作为基本单位的。中文"字"所包含的信息量有限。比如我们看到"天"这个字，可能是"阴天"（代表天气），又可能是"三天"（代表时间），单个字所携带的信息不足以进行判断，因此需要进行"分词"处理，即将文章中的字组合成词。分词任务本身也可以借助循环神经网络来完成，但这里我们将其看作是已实现的模型。

> 分词示意（使用 "_" 代表空格）
> 原文本：本章是循环神经网络内容
> 分词后：本章_是_循环_神经网络_内容

分词后即可对文章中出现的所有词进行统计分析。对于文本向量化方式来说，还有其他方式可以进行，这其中比较常用的文本向量化方式是 TFIDF（Term Frequency-Inverse Document Frequency）。这是对文本词频统计的一种优化方式。在一份语料之中有一些常用词，比如"因为"，在几乎所有的文章中都会出现，因此能够携带的信息有限，这些信息可以使用信息熵衡量。比如有 100 个"因为"平均分布于 100 篇文章之中（每篇文章均出现），此时以"因为"这个词来看，系统信息熵如下。

$$I = \sum_{i=1}^{100} p_i \log \frac{1}{p_i} = 0 \tag{7.1}$$

对于其他词来讲，比如"篮球"，在 100 篇文章中总共出现了 10 次，那么每篇文章携带该词的期望为 0.1，此时以"篮球"来看，系统的信息熵如下。

$$I = \sum_{i=1}^{100} p_i \log \frac{1}{p_i} = 33.2 \tag{7.2}$$

此时代表"篮球"这个词可能携带更多的信息。因此在文本处理过程中，除词频统计外，通常还对某个词乘以 idf 系数。

$$idf(t, D) = \log \frac{N}{1 + |d \in D : t \in d|} \tag{7.3}$$

式 (7.3) 中 t 代表所出现的词，D 为整个语料（可以认为是整个训练集和测试集），$N = |D|$。idf 系数就是文档个数除以出现词 t 的语料个数，并取 $\log$。idf 系数数值越大，代表这个词可能携带的信息越多。

7.1.2 顺序文本处理

第二种对于文本的建模和向量化方式就比前面的无序文本更加复杂了，其引入了顺序信息。也就是说文本数据对于时间维度是依赖的，这种依赖称为前后文。前面所用的文本处理方式无法满足需要。因为是顺序文本，这里需要对每个字母、字或者词进行向量化，并对处理向量进行机器学习建模。

对于神经网络来说，使用（不是必须使用）"字"作为基本单位进行处理，对于英文来说是"字母"。这就需要对字进行向量化，因此涉及了字符嵌入（Embedding）过程。下面来详细介绍 Embedding 过程。

首先需要为语料库中的每个字赋予一个单独的编号（ID），编号是从 0 开始的连续数字。这是进行文本向量化的第一步。由于整形数字不利于神经网络进行处理，因此需要将其转换为向量形式表示，最简单的方式为 one-hot 编码。假设常用的汉字有 3 500 个，则对应于分类问题来讲有 3 500 个类，此时编码向量的长度为 3 500。用这个长度的向量是难以处理的，需要进行降维。传统的降维方式为线性降维，也就是进行矩阵运算，形式如下。

$$x_{t128} = x_{3500}^{one-hot} \cdot W_{3500 \times 128} \tag{7.4}$$

前面介绍过，PCA 等线性降维方式均是对矩阵进行的线性变换，对于神经网络问题而言，Embedding 过程是随着神经网络一起训练的，因此初始状态仅需要给定一个随机数值即可。

通过这种方式可以将一段文本转行为二维数据，其数据格式为[time,feature]。对于一般的神经网络训练，由于需要给定多条文本，因此转换后的矩阵形式如下。

$$[batchsize,time,feature] \tag{7.5}$$

7.2 文本问题建模

本节主要讨论两种文本问题的概率模型，第一种是无顺序文本，第二种是顺序文本。

7.2.1 无顺序文本建模

无顺序文本通常完成分类问题，此时模型可以描述为如下形式。

$$p(类|词1,\cdots,词m) \tag{7.6}$$

在文章具有 m 个词的情况下预测文章所述类别，文章是没有顺序的。因此，可以使用全连接网络完成，但在词的个数很多的情况下，使用全连接网络可能会非常缓慢。另一种就是使用贝叶斯理论，将预测问题转换为统计问题。

$$p(类|词1,\cdots,词m) = \frac{p(词1|类)\cdots p(词m|类)p(类)}{z} \tag{7.7}$$

其中 z 是归一化常数。上述过程如图 7.1 所示。

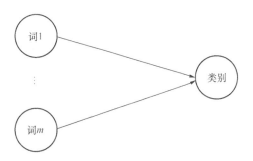

图 7.1 文本分类问题的概率图

以生成模型的角度来看，需要求解文本类和文字之间的联合概率，而文字概率是依赖于文本类别的。

$$p(词,类) = p(词|类)p(类) \tag{7.8}$$

上述过程如图 7.2 所示。

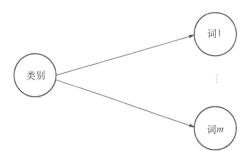

图 7.2 文本生成模型

现在的目标是使联合概率最大化，这便是文本生成模型。此时文本标签未给出，可观测的仅有文章中的词，而类别是隐藏变量。可以将类别称为"主题"，而主题是隐藏变量，需要使用边缘概率来描述分布。

$$p_i(w) = \sum_j^{j=T} p(w|\theta_j)p_i(\theta_j) \tag{7.9}$$

此时 i 代表语料库中不同的文章，T 代表整个语料库中有 T 个主题。每个主题之下的概率不尽相同。假设主题词概率的先验分布是狄利克雷分布，那么这个模型就是简化的 LDA 模型，通常可以用于文本数据降维。从代数角度来看，这是一个矩阵分解问题。对于式 (7.9) 的求解方法有变分推断、吉布斯采样等，这些算法的基本思路是一致的。

7.2.2　顺序文本建模

对于顺序文本来说，需要对文本的顺序进行考虑，因此建模过程需要考虑前后文信息。

$$p(y_T|x_T,\cdots,x_1) = p(y_T|h_T)\prod_{t=1}^{t=T} p(h_t|x_t,h_{t-1}) \tag{7.10}$$

上面每一个时间步的输出 h_t 都是依赖于 x_t,h_{t-1} 的，而输出是有顺序的，这种依赖关系如图 7.3 所示。

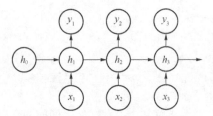

图 7.3　顺序文本依赖关系

可以看到，顺序文本的输出 y_t 依赖于本时间步以及之前输入的 x 信息。由于这种方式比较难以建模，因此将其拆分成上述概率图，y 仅依赖于本时刻的状态向量 h，而状态向量 h 则依赖于前面时刻的状态和文本。由此以链式的方式保留了前文信息。这种拆解是有利的，因为每个时刻我们都可以使用全连接网络来描述这种依赖关系。由此直接产生了循环神经网络结构。

7.3　循环神经网络模型

7.3.1　基本循环神经网络模型

前面讲过的矩阵运算的加法、乘法和连接均可以代表概率的依赖关系，如图 7.4 所示。
为了表示这种关系，可以使用矩阵运算。

$$s_t = f(x_t \cdot W_1 + h_{t-1} \cdot W_2 + b) \tag{7.11}$$

在程序实现中为了编程方便，通常将上述过程写成如下形式。

$$\begin{aligned} h_t &= \text{concat}(x_t, h_{t-1}) \\ s_t &= f(h_t \cdot W + b) \end{aligned} \tag{7.12}$$

图 7.4 循环神经网络子结构

两种表示方式是完全等价的。这里回顾顺序文本的输入与输出形式。

$$IN: x\,[batchsize, times, features] = [x_1, \cdots, x_n]$$
$$OUT: y\,[batchsize, times, features] = [y_1, \cdots, y_n] \tag{7.13}$$
$$DEFINE: x_i \to x\,[:, i, :]$$

循环神经网络提供的解决时序依赖问题的一种思路就是,用中间状态向量来保存前文信息。我们通过递归的方式解决了信息依赖的问题:由于 h_{t-1} 中包含 h_{t-2}, x_{t-1} 的信息,因此对递归来讲,由于加入了隐藏层 h,因而可以处理多个时刻的信息。这是最简单的循环神经网络模型。可以看到,在处理每个时刻的输出时均使用同一套权值系统,这与卷积神经网络的权值共享异曲同工。由于循环神经网络时间步增多时容易出现数值不稳定等问题(输出随着时间步增多指数级增长),因此激活函数 f 通常可以选择双曲正切函数:$\tanh(\cdot)$。

7.3.2 循环神经网络结构改进

可以看到,基本的 RNN 结构用于记忆的向量 h 长度是有限的,因此所存储的信息也是有限的。可以加入更多的向量用于保存内容,同时设定特有结构用于 RNN 分析。常见的改进如 LSTM 结构,有辅助向量 C 用于存储记忆。

$$
\begin{aligned}
h_t &= \text{concat}([s_{t-1}, x_t]) &\text{(a)}\\
g_1 &= \text{sigma}(W_{g1} \cdot r_t + b_{g1}) &\text{(b)}\\
C_{t-1/2} &= g_1 \circ C_{t-1} &\text{(c)}\\
g_2 &= \text{sigma}(W_{g2} \cdot r_t + b_{g2}) &\text{(d)}\\
f &= \tanh(W \cdot r_t + b) &\text{(e)}\\
C_{1/2} &= g_2 \circ f &\text{(f)}\\
C_t &= C_{t-1/2} + C_{1/2} &\text{(g)}\\
g_3 &= \text{sigma}(W_{g3} \cdot r_t + b_{g3}) &\text{(h)}\\
h_t &= g_3 \circ \tanh(C_t) &\text{(i)}
\end{aligned}
\tag{7.14}
$$

以上是 LSTM 的公式,其中 concat 代表矩阵连接,符号 。代表矩阵哈达玛积(Hadamard Product,对应元素相乘)。g 被称为"门","门"的输出区间为 0~1,与向量相乘的结果可以看作控制向量输出能量的大小。LSTM 中有 3 个门:g_1 用于控制上一时刻记忆到下一时刻的部分,g_2 用于控制新输入 r_t 进入记忆量 C 的部分,g_3 用于控制输出。式 (7.14)(g) 用于生成新的记忆向量。式 (7.14)(b) 的矩阵相乘还有另外一种书写方式。

$$g_1 = \sigma(W \cdot \text{concat}([h_{t-1}, x_t]) + b) = \sigma(W_1 \cdot h_{t-1} + W_2 \cdot x_t + b) \tag{7.15}$$

对于传统的 RNN 来说，还有其他增加模型复杂度的方式，比如 GRU。但根本的目的是可以增加可训练参数数量，从而使模型拟合能力得到进一步提升。

7.3.3 卷积神经网络处理时序数据

时序数据建模不止循环神经网络一种，还有其他的方式。如果我们处理的文本前后文依赖并没有过长，只在有限的时间步内，则时序数据建模在处理一些拼音文字时是合理的。那么此时依赖关系可以表示为如下形式。

$$p(y_t | x_{t-rf}, \cdots, x_t) \tag{7.16}$$

从卷积神经网络介绍过的内容看，式 (7.16) 可以通过一个卷积神经网络来实现，而能处理的时间步长度取决于卷积神经网络的感受野大小。这里可以看到，RNN 结构可以处理无限长的时间步（虽然时间步过多效果并不好），而使用 CNN 方法处理时间步长度则是固定的，这是其缺陷之一。但是卷积神经网络容易训练、速度快，因而在处理时序数据时可能会得到比 RNN 更好的结果。

7.4 反向传播过程

RNN 函数反向传播过程与全链接网络类似。

$$e_{t-1}^l = \frac{\partial loss}{\partial h_{t-1}^l} = \frac{\partial loss}{\partial h_t^l} \circ f'(x_t, h_{t-1}^l) \frac{\partial(x_t \cdot W1 + h_{t-1} \cdot W2 + b)}{\partial h_{t-1}} = e_t^l f' W2 \quad \text{(a)}$$

$$\Delta W1 = \sum_t (x_t)^T \cdot (e_t^l f') \quad \text{(b)}$$

$$\Delta W2 = \sum_t (h_{t-1})^T \cdot (e_t^l f') \quad \text{(c)} \tag{7.17}$$

$$e_t^l = \frac{\partial loss}{\partial h_t^l} = \frac{\partial loss}{\partial h_t^{l+1}} \circ f'(h_t^l, h_{t-1}^{l+1}) \frac{\partial(h_t^l \cdot W1 + h_{t-1} \cdot W2 + b)}{\partial h_t^l} = e_t^{l+1} f' W1 \quad \text{(d)}$$

式 (7.17)(a) 称为时间反向传播算法 BPTT，式 (7.17)(d) 为层间传播。可训练参数为式 (7.17)(b) 和式 (7.17)(c)，实际上传统的 RNN 网络与全连接网络并无不同，只是添加了时间反向传播项。

7.5 实践部分

7.5.1 从零实现循环神经网络

循环神经网络相比于全连接网络需要添加的内容为双曲正切激活函数的正向与反向传播过程、基本循环神经网络的正向与反向传播过程和 Embedding 层的正向与反向传播过程。先对循环神经网络正向与反向传播过程进行算法实现，实现过程中需要有两个传播误差：沿时间反向传播和层间传播误差。两个误差计算是耦合的。层间传播误差用于多层 RNN 以及其他神经网络络模型融合。

在代码开始之前定义神经网络类，并完成参数初始化工作，见代码清单 7.1。

代码清单 7.1　神经网络类以及初始化

```
import numpy as np
class NN():
    def __init__(self):
        """
        定义可训练参数
        """
        self.value = []
        self.d_value = []
        self.outputs = []
        self.layer = []
        self.layer_name = []
```

定义完成后在类中完成相关函数的定义，首先是 RNN 函数的实现，见代码清单 7.2。

代码清单 7.2　RNN 正向与反向传播过程

```
    def tanh(self, x, n_layer=None, layer_par=None):
        epx = np.exp(x)
        enx = np.exp(-x)
        return (epx-enx)/(epx+enx)
    def d_tanh(self, x, n_layer=None, layer_par=None):
        e2x = np.exp(2 * x)
        return 4 * e2x / (1 + e2x) ** 2
    def _rnncell(self, X, n_layer, layer_par):
        """
        RNN 正向传播层
        """
        W = self.value[n_layer][0]
        bias = self.value[n_layer][1]
        b, h, c = np.shape(X)
        _, h2 = np.shape(W)
        outs = []
        stats = []
        s = np.zeros([b, h2])
        for itr in range(h):
            x = X[:, itr, :]
            stats.append(s)
            inx = np.concatenate([x, s], axis=1)
            out = np.dot(inx, W) + bias
```

```python
            out = self.tanh(out)
            s = out
            outs.append(out)
        outs = np.transpose(outs, (1, 0, 2))
        stats= np.transpose(stats, (1, 0, 2))
        return [outs, stats]
    def _d_rnncell(self, error, n_layer, layer_par):
        """
        BPTT 层，此层使用上一层产生的 Error 生成向前一层传播的 error
        """
        inputs = self.outputs[n_layer][0]
        states = self.outputs[n_layer + 1][1]
        b, h, insize = np.shape(inputs)
        back_error = [np.zeros([b, insize]) for itr in range(h)]
        W = self.value[n_layer][0]
        bias = self.value[n_layer][1]
        dw = np.zeros_like(W)
        db = np.zeros_like(bias)
        w1 = W[:insize, :]
        w2 = W[insize:, :]
        for itrs in range(h - 1, -1, -1):
            # 每一个时间步都要进行误差传播
            if len(error[itrs]) == 0:
                continue
            else:
                err = error[itrs]
            for itr in range(itrs, -1, -1):
                h = states[:, itr, :]
                x = inputs[:, itr, :]
                inx = np.concatenate([x, h], axis=1)
                h1 = np.dot(inx, W) + bias
                d_fe = self.d_tanh(h1)
                err = d_fe * err
                # 计算可训练参数导数
                dw[:insize, :] += np.dot(x.T, err)
                dw[insize:, :] += np.dot(h.T, err)
                db += np.sum(err, axis=0)
                # 计算传递误差
                back_error[itr] += np.dot(err, w1.T)
                err = np.dot(err, w2.T)
        self.d_value[n_layer][0] = dw
        self.d_value[n_layer][1] = db
        return back_error
    def basic_rnn(self, w, b):
        self.value.append([w, b])
```

```
        self.d_value.append([np.zeros_like(w), np.zeros_like(b)])
        self.layer.append((self._rnncell, None, self._d_rnncell, None))
        self.layer_name.append("rnn")
```

在完成 RNN 的基础层后，需要完成 Embedding 层，Embedding 层实际上就是一个单层神经网络，因此可以使用全连接层代表，并稍加修改。需要添加的内容为将字符 ID 转换为 one-hot 表示，使其符合神经网络的输入要求。Embedding 层中依然有可训练参数 W，需要利用偏导数求解，见代码清单 7.3。

代码清单 7.3　Embedding 层

```python
def _embedding(self, inputs, n_layer, layer_par):
    W = self.value[n_layer][0]
    F, E = np.shape(W)
    B, L = np.shape(inputs)
    # 转换成 one-hot 向量
    inx = np.zeros([B * L, F])
    inx[np.arange(B * L), inputs.reshape(-1)] = 1
    inx = inx.reshape([B, L, F])
    # 乘以降维矩阵
    embed = np.dot(inx, W)
    return [embed]

def _d_embedding(self, in_error, n_layer, layer_par):
    inputs = self.outputs[n_layer][0]
    W = self.value[n_layer][0]
    F, E = np.shape(W)
    B, L = np.shape(inputs)
    inx = np.zeros([B * L, F])
    inx[np.arange(B * L), inputs.reshape(-1)] = 1
    error = np.transpose(in_error, (1, 0, 2))
    _, _, C = np.shape(error)
    error = error.reshape([-1, C])
    # 计算降维矩阵的导数
    self.d_value[n_layer][0] = np.dot(inx.T, error)
    return []

def embedding(self, w):
    self.value.append([w])
    self.d_value.append([np.zeros_like(w)])
    self.layer.append((self._embedding, None, self._d_embedding, None))
    self.layer_name.append("embedding")
```

向量化数据在经过 RNN 层后获取最后一步输出，通常而言，最后一步输出被认为是包含全文信息的量。将其用于文本处理，见代码清单 7.4。

代码清单 7.4　获取最后一个时间步层输出

```
def _last_out(self, inputs, n_layer, layer_par):
    return [inputs[:, -1, :]]
def _d_last_out(self, in_error, n_layer, layer_par):
    X = self.outputs[n_layer][0]
    b, h, c = np.shape(X)
    error = [[] for itr in range(h)]
    error[-1] = in_error
    return error
def last_out(self):
    self.value.append([])
    self.d_value.append([])
    self.layer.append((self._last_out, None, self._d_last_out, None))
    self.layer_name.append("last_out")
```

其他代表与前面的全连接和卷积神经网络代码通用，见代码清单 7.5。

代码清单 7.5　全连接和其他函数

```
def _matmul(self, inputs, n_layer, layer_par):
    W = self.value[n_layer][0]
    return [np.dot(inputs, W)]
def _d_matmul(self, in_error, n_layer, layer_par):
    W = self.value[n_layer][0]
    inputs = self.outputs[n_layer][0]
    self.d_value[n_layer][0] = np.dot(inputs.T, in_error)
    error = np.dot(in_error, W.T)
    return error
def matmul(self, filters):
    self.value.append([filters])
    self.d_value.append([np.zeros_like(filters)])
    self.layer.append((self._matmul, None, self._d_matmul, None))
    self.layer_name.append("matmul")
def _sigmoid(self, X, n_layer=None, layer_par=None):
    return [1/(1+np.exp(-X))]
def _d_sigmoid(self, in_error, n_layer=None, layer_par=None):
    X = self.outputs[n_layer][0]
    return in_error * np.exp(-X)/(1 + np.exp(-X)) ** 2
def sigmoid(self):
    self.value.append([])
    self.d_value.append([])
    self.layer.append((self._sigmoid, None, self._d_sigmoid, None))
    self.layer_name.append("sigmoid")
def _relu(self, X, *args, **kw):
    return [(X + np.abs(X))/2.]
def _d_relu(self, in_error, n_layer, layer_par):
```

```
            X = self.outputs[n_layer][0]
            drelu = np.zeros_like(X)
            drelu[X>0] = 1
            return in_error * drelu
        def relu(self):
            self.value.append([])
            self.d_value.append([])
            self.layer.append((self._relu, None, self._d_relu, None))
            self.layer_name.append("relu")
        def forward(self, X):
            self.outputs.append([X])
            net = [X]
            for idx, lay in enumerate(self.layer):
                method, layer_par, _, _ = lay
                net = method(net[0], idx, layer_par)
                self.outputs.append(net)
            return self.outputs[-2][0]
        def backward(self, Y):
            error = self.layer[-1][2](Y, None, None)
            self.n_layer = len(self.value)
            for itr in range(self.n_layer-2, -1, -1):
                _, _, method, layer_par = self.layer[itr]
                #print("++++-", np.shape(error), np.shape(Y))
                error = method(error, itr, layer_par)
            return error
        def apply_gradient(self, eta):
            for idx, itr in enumerate(self.d_value):
                if len(itr) == 0: continue
                for idy, val in enumerate(itr):
                    self.value[idx][idy] -= val * eta
        def fit(self, X, Y, eta=0.1):
            self.forward(X)
            self.backward(Y)
            self.apply_gradient(eta)
        def predict(self, X):
            self.forward(X)
            return self.outputs[-2]
```

至此 RNN 所需的基本函数已经构建完毕。此代码可以用于 RNN 训练工作，但性能有所不足，希望读者后续用其他语言完成优化。

7.5.2　文本分类问题

本次从零实现神经网络用来完成文本分类任务，但建模过程是有序的。使用的数据集为谭松波收集的中文情感挖掘语料——ChnSentiCorp。训练样本总数在几千量级。文本问题判别模型如下。

$$p(class|w_1, \cdots, w_T) \tag{7.18}$$

我们通过文章中所出现的词来预测文本所属类别，这种模型是合理的。而神经网络模型的输入过程中是带有顺序的文本。

$$p(class|w_1, \cdots, w_T) = p(class_T|h_T) = \prod_{t=1}^{t=T} p(h_t|x_t, h_{t-1}) \tag{7.19}$$

这种建模方式我们依然考虑了所有文字的信息，但同时引入了文本前后文信息。因此建模是有冗余的。这种冗余使我们可能无法得到精确的结果。下面使用前面写的 RNN 代码来完成文本分类任务。我们使用最后一个时间步输出，并将文本长度统一设置为 20，不足 20 个字则位补 0。见代码清单 7.6。

代码清单 7.6 利用自行编写代码实现文本分类

```
# 搭建网络模型
method = NN()
method.embedding(ew)
method.basic_rnn(w1, b1)
method.basic_rnn(w2, b2)
method.last_out()
method.matmul(w3)
method.bias_add(b3)
method.relu()
method.matmul(w4)
method.bias_add(b4)
method.sigmoid()
method.loss_square()

for itr in range(1000):
    # 获取数据
    inx, iny = ...
    pred = method.forward(inx)
    method.backward(iny)
    method.apply_gradient(0.001)
    if itr% 20 == 0:
        # 获取测试数据
        inx, iny = ...
        pred = method.forward(inx)
        prd1 = np.argmax(pred, axis=1)
        prd2 = np.argmax(iny, axis=1)
        print(np.sum(prd1==prd2)/len(idx))
```

最终文本分类的精度为 85%。相比于使用 LDA+线性回归的 95%低了很多，这是因为在文本分类过程中文字顺序并不重要，而建模过程则引入了不必要的前后文信息。这使机器学习模型需要处理额外信息。因此，机器学习在建模过程中依然需要了解数据。了解数据后才能选择合适的模型。

7.5.3 TensorFlow 的 Embedding 示例

TensorFlow 提供了 Embedding 过程，可以很方便地完成上述过程，见代码清单 7.7。

代码清单 7.7   Embedding

```
import tensorflow as tf
import numpy as np
# 给定 Embedding 矩阵 w
init_w = np.random.random([4, 2])-0.5
W = tf.constant(init_w)
# 对于文字进行编号，这里文章仅包含 4 个字符
x = tf.constant([[0, 2, 1, 3]])
# 执行式（7.4）过程
y = tf.nn.embedding_lookup(W, x)
sess = tf.Session()
print(sess.run(y))
```

需要注意的一点是，本例仅为演示 Embedding 过程，实际上在定义模型的过程中需要将矩阵 W 定义为变量（Variable），变量是可以求导的。

7.5.4 TensorFlow 的 RNN 输入与输出示例

本例对 RNN 如何进行输入与输出进行说明，见代码清单 7.8。

代码清单 7.8   RNN 输入

```
import numpy as np
import tensorflow as tf

batch_size = 1
# 数据有 10 个时间步，每个时间步向量长度为 6
indata = tf.constant(np.random.random([batch_size,10,6]))
#定义单一 RNN 函数
cell = tf.nn.rnn_cell.LSTMCell(6)
#对于多层 RNN 可以使用辅助函数进行:
n_layers = 2
multi_rnn_cell = tf.nn.rnn_cell.MultiRNNCell(
    [tf.nn.rnn_cell.LSTMCell(6) for itr in range(n_layers)])
```

```
# 将第一个 h₀ 赋值为 0
state = cell.zero_state(batch_size, tf.float64)
# 定义输出列表
outputs = []
for time_step in range(10):
    #循环的输入每一个时间步并获取输出和状态向量
    (cell_output, state) = cell(indata[:, time_step, :], state)
    #存储列表
    outputs.append(cell_output)

sess = tf.Session()
sess.run(tf.global_variables_initializer())
# 对结果进行输出
for idx, itr in enumerate(sess.run(outputs)):
    print("step%d:"%idx, itr)
```

本例中讲述了如何构建 RNN 模型。与前文所述过程类似，均是按照时间步进行输入和输出。注意，这里未涉及训练过程。

7.5.5　中文分词示例

在本节中，我们使用 Python 中的 jieba 库来完成分词任务，仅作为一个分词实例，帮助读者理解分词过程，见代码清单 7.9。在第 8 章中我们将搭建一个用于分词的 RNN 网络。对于细节感兴趣的读者可以选择性略过本节，直接进行后续阅读。

代码清单 7.9　中文分词库使用

```
import jieba
text = "本章是循环神经网络内容"
text_list = list(jieba.cut(text))
print(" ".join(text_list))
```

输出结果如下。

```
本章 是 循环 神经网络 内容
```

在完成分词后可以直接进行文本向量化工作。当然，对于神经网络来说，可以以词作为基本的输入单位。

7.6　小结

本章从函数的角度介绍了循环神经网络。循环神经网络与卷积神经网络一样均可以处理连续型数据，但是循环神经网络处理的数据"感受野"会更大一些，这是由状态向量所决定的，为了记忆更多的时间信息引入了 LSTM 结构。RNN 设计思想与 CNN 是一致的，均是一种共享权值方式。

在实现代码方面，我们实现了一个简单的 RNN 网络，希望读者根据代码与公式理解 RNN 执行过程，这对于理解网络而言是必要的。

第 8 章
循环神经网络扩展

本章是循环神经网络的扩展内容。前面介绍的循环神经网络，由于结构简单，因此仅能用于文本分类、图像处理等基本任务。本章将在第 7 章的基础之上对网络结构进行进一步扩展以完成更加复杂的任务。这些任务包括对话、自然语言翻译、语音生成等。这些任务的特点是输入序列的长度是不固定的，同时生成序列也是不固定的。因为我们无法使用传统的循环神经网络来完成不定长序列之间的转化，这需要我们在基本结构基础之上搭建一些复杂的网络模型。

由于模型本身更加复杂，因此我们可以完成更加复杂的处理任务。本章所介绍的模型，包括双向 RNN、编码—解码结构等，均是在基本循环神经网络结构上所进行的扩展。但读者应当明白，除双向 RNN 外，编码—解码结构并非是专属于循环神经网络的结构，而是一个建模的思路，这在之后的章节中会有详述。本章专注于使用循环神经网络来搭建网络模型。

8.1 双向 RNN

现在传统的循环神经网络还有一个问题——某一个时刻的输出 y_t，只与前几个时刻的输出有关。

$$p(y_t|x_t,\cdots,x_1) \tag{8.1}$$

下面先回顾循环神经网络概率图，如图 8.1 所示。

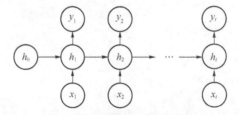

图 8.1 循环神经网络概率图

由图 8.1 可以看到，y 某一时刻的输出仅与其之前时刻的输入有关。为读者方便阅读，这里将神经网络写成更加通用的形式，如图 8.2 所示。

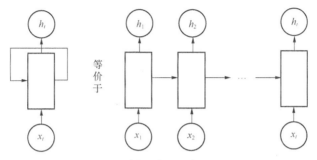

图 8.2　循环神经网络的表示

图 8.2 中的矩形表示单层或多层循环神经网络。图示有两种表示形式，第一种由于网络本身可训练参数只有一组，因此写成左边的形式，神经网络每次的状态向量均需循环输入网络本身。第二种展开更加类似于概率图表示，可能会使用得更多。在了解网络图像表示方法后，需要解决时序依赖问题。这里以一种非常简单的思路来解决问题：将序列反向输入另一个循环神经网络（也可以是同一个）之后再与正向输入的结果进行连接。由此可以解决时序依赖问题，如图 8.3 所示。

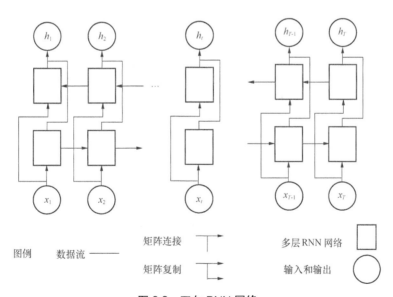

图 8.3　双向 RNN 网络

双向 RNN 有两个基本 RNN 层，一个用于接收正向输入序列，另一个用于接收反向输入序列。之后再将两个网络的输出进行矩阵连接，即可解决时序依赖问题。两个 RNN 子结构是独立的。双向 RNN 以一种简单粗暴的方式来解决问题，很多深度学习模型在建立的过程中是简单而有效的。同时，双向 RNN 还可以解决预测精度随时间变差的问题。但是，这个结构的问题在于我们事先需要提供完整序列，这使结构本身可能很难满足实时性的要求，因为在实时系统中我们可能并不知道本时刻之后的事情。

8.2 联结主义时间分类器

循环神经网络在处理输出过程中经常遇到的问题是输出本身与文本标签并非一一对应。为了处理网络输出与标签之间的对齐问题并形成损失函数，产生了 CTC-Loss，这是联结主义时间分类器（Connectionist Temporal Classification，CTC）。

8.2.1 CTC-Loss

CTC-Loss 并非专属于 RNN 网络的辅助结构，此结构用于辅助生成损失函数。在处理自然语言数据的过程中，序列并非是一一对应的。举一个例子。

A：今天[blank][blank]天气气[blank]不错。

B：今天天气不错。

两种序列 A 和 B 中出现的字是相同的，不同的是前一句之中所需要的时间步更多，同时可能出现重复字。其中 B 对应文本标签，A 对应神经网络预测输出，这种输出是由语音特性决定的。我们在识别一段语音数据时，神经网络所输出的时间步是固定的，假设 1s 输出 20 个时间步，也就是每个时间步的时长是 0.05s，对于正常语速而言，每秒会说 5 个字，每个字的时间间隔是 0.2s 左右。这就会导致输入与输出序列难以对齐。因此就出现了上面示例所描述的情况。在单个字"气"的发音过程中，对应神经网络的时间步可能会达到 2 个，于是就会被识别为两个"气"字，也就是说连续两个时间步输出均为气。而在之后由于语气停顿，输出字符为空白（blank）。

在处理文本的过程中，最困难的部分在于衡量文本标签 B 与输出序列 A 的相似程度并形成 loss 函数。这也是机器学习中比较难处理的问题。由此出现了一些文本对齐的方式，目前来看 CTC-Loss 是一种比较有效的方式。下面详细叙述细节内容。

在 CTC-Loss 处理的过程中，对齐的关键操作是插入 blank（用"-"表示），这需要在编码过程中单独对 blank 进行编码。假设文本序列为 l，神经网络输出序列为 π，则定义计算形式如下。

$$\mathcal{B}(\text{"今-天-天-气气-不-错"})=\mathcal{B}(\text{"今-天— -天-气–不错"})=\text{"今天天气不错"} \quad \text{(a)}$$
$$\mathcal{B}(\pi) = l \quad \text{(b)} \tag{8.2}$$

运算 $\mathcal{B}$ 的含义为，去除序列之中重复的字符以及空白字符。式 (8.3) 中神经网络的输出时间步为 13，而所对应的文本长度为 6。运算解决了不同长度序列的比对问题，显然对于同一种输入有不同的输出。为了形成神经网络优化问题，需要定义函数的反函数。反函数 $\mathcal{B}^{-1}(l)$ 的含义为序列 l 对应的所有可能的 π。由此，神经网络的损失函数就可以构建了，即使式 (8.3) 最大。

$$p(l|x) = \sum_{\pi \in \mathcal{B}^{-1}(l)} p(\pi|x) \tag{8.3}$$

式 (8.4) 能形成序列 l 的所有序列 π 概率之和。而神经网络的优化目标就是使概率式（8.3）最大。这个计算过程需要动态规划的算法思想。为计算式 (8.3) 的概率，首先需要定义如下公式。

$$\alpha_t(s) \rightarrow \sum_{\mathcal{B}(\pi_{1:t})=l_{1:s}} \prod_{i=1}^{t} y_{\pi_i}^i \tag{8.4}$$

其中 y^t 是神经网络的输出，是经过 Softmax 过程输出的概率。注意，α 是一个二维矩阵。计算过程利用了迭代思想。

初始迭代如下。

$$\begin{cases} \alpha_1(1) = y_{blank}^1 \\ \alpha_1(2) = y_{l_1}^1 \\ \alpha_1(k) = 0; \ k > 2 \end{cases} \tag{8.5}$$

迭代过程如下。

$$\alpha_t(s) = \begin{array}{ll} [\alpha_{t-1}(s) + \alpha_{t-1}(s-1)]y_{l_s}^t & if \ l_s = blank 或 l_{s-2} = l_s \quad \text{(a)} \\ [\alpha_{t-1}(s) + \alpha_{t-1}(s-1) + \alpha_{t-1}(s-2)]y_{l_s}^t & \text{(b)} \end{array} \tag{8.6}$$

这里的迭代有两个细节需要解释。第一，如何区分两个重复的字是否是标签内容。以式 (8.6)(a) 的例子来讲，出现了两个"天"以及两个"气"。这时区分方式包括在"天"之间强制出现 blank，这是式 (8.6)(a) 的条件约束的。对于字符不同的情况，本时刻序列以标签 l_s 为输出的概率，l_{s-1} blank 为标签的概率，这是由式 (8.6)(b) 约束的。这个迭代过程不太好理解，下面举例来说明。

s	0.3	0.09	
0.3		c	a
0.09		b	e

一只蚂蚁从 s 点开始，向右走的概率为 0.3，向下走的概率为 0.3，斜向下走的概率为 0.4，求蚂蚁能到达 e 点的概率。实际上，为了求解到 e 点的概率，我们只需要知道到 a、b 和 c 的概率即可。

$$p(e) = 0.3a + 0.3b + 0.4c \tag{8.7}$$

如果想知道到达 c 点的概率，只需计算 c 点左上 3 个点的概率，这是一个迭代的过程，其思想来源于动态规划。而蚂蚁到达 e 点的概率则可以看成是式 (8.4) 所需计算的所有可能路径的概率。这是一个标准的动态规划问题。

对于反向传播过程，读者可自行参考文献。

8.2.2　CTC 解码

训练和预测过程是不尽相同的。在解码过程中我们的目标不在于求解一条概率最大的路径而是求解。

$$p(l|x) = \sum_{\pi \in \mathcal{B}^{-1}(l)} p(\pi|x) \tag{8.8}$$

有两个思路去解决解码问题，第一个思路是贪心算法，第二个思路是集束搜索（Beam search）。在这之前需要知道神经网络是如何处理输出的，这里神经网络不进行 Softmax，仅以最大值进行归一化。

$$y_t = RNN(x_t)$$
$$\hat{p}_t^i = \frac{\exp(y_t^i)}{\max(\exp(y_t))} \tag{8.9}$$

1. 贪心策略解码

这里使用更具体的实例说明。假设神经网络有 4 个时间步输出，如图 8.4 所示。

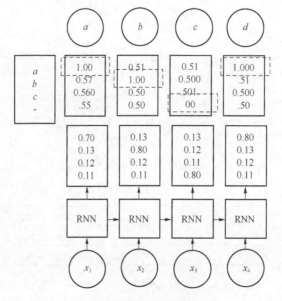

图 8.4　贪心策略解码

使用贪心策略解码，每一步均选择当前概率最大的值。这种解码方式并非一定是最好的，因为需要的是最终序列的最大化，但是从实现上来讲是最有效率的。

2. 集束搜索（Beam search）解码

这种解码方式是贪心策略和动态规划思想的体现。以 CTC-Loss 来讲，我们需要考虑所有可能的情况之和，但这种方式的时间、空间复杂度均过高。因此在解码过程中选择保留概率较大的 k 种情况，k 称为集束宽度（Beam width）。

$$p(l_t^i|x) = \sum_{\pi \in \mathcal{B}^{-1}(l_t^i)} p(\pi_t^i) p(\pi_{1:t-1}^i|l_{t-1}) \tag{8.10}$$

迭代过程为选择当前序列 l_{t-1} 生成的新的序列 l_t^i 中概率较大的 k 个序列。依然以上面的例子来说。这里选择 $k=2$。

第一步：选择概率最大的 $k=2$ 个序列[a,b]，保留其对应的神经网络输出序列为[a,b]，并记录其概率。

第二步：由保留序列与神经网络第二时间步输出，生成新的序列[a,ab,ac,a-,ba,b,bc,b-]和其概率。

第三步：选择概率最大的 $k=2$ 个序列[ab,a]，保留其对应的神经网络输出为 ab,a-b, ab,ab-,a,a-,a-，记录保留序列概率。

第四部：由保留序列与神经网络生成新输出，并计算其概率。

第五步：选择概率较大的 $k=2$ 个序列，保留其对应的网络输出和概率。

第六步：重复第四、第五步，直到最后一个时间步。

这里以 4 个时间步为例，最终输出的最大概率序列为 ab。对数概率为 2.188。然后为 aba，对数概率为 2.020。可以看到，此时序列与贪心算法所得的序列有所不同，这是考虑了多条路径的情况所得的概率。CTC-Loss 方式更加符合训练过程时的假设。

8.3　编码−解码结构（基于 RNN）

8.3.1　结构说明

RNN 的编码—解码（Encoder-Decoder）结构主要用于不定长序列转化问题，它是比 CTC 更加符合自然语言处理逻辑的模型。一般编码—解码结构有如图 8.5 所示的关系。

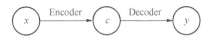

图 8.5　编码解码结构

编码—解码结构是一种建模思路，并非是循环神经网络的专属结构。网络结构分为两个部分，编码器（Encoder）用于将输入 x 转化为特征向量 c；解码器（Decoder）则将 c 转化为所需输出 y。所有具有类似图 8.5 结构的网络均可以称为编码—解码结构。本节将结构定义范围缩小，仅作为 RNN 模型之上的一种高层模型。结构本身可以用于对话机器人、自然语言翻译等工作。这些工作有一个特点就是从序列到序列的输出，而且输入与输出序列间是不等长的。Encoder 是用于处理输入序列的结构，这个序列在自然语言翻译中是需要翻译的语句，将输入序列 $x_1,\cdots,x_t$ 编码成向量 c。

$$p(c|x_T,\cdots,x_1) \tag{8.11}$$

语义向量 c 需要带有整个文本信息。这在 RNN 之中是容易实现的，我们仅需要 RNN 网络的最后一个时间步即可，因为其可以代表整个语句信息。而 Decoder 用于将所编码的向量 c 解码成新的序列，这个序列在自然语言翻译中是目标语言。但在解码过程中由于需要前后文，因此在生成一个新的字符时需要使用本时间步字符及其前文信息见式 (8.12)。

$$p(y_t|y_{t-1}, \cdots, y_1; c) \tag{8.12}$$

这种依赖关系使我们在获取输出 y 后将其循环输入神经网络之中。为了更加精确地描述这个过程，我们使用公式来进行说明：为了搭建 EncodeDecoder 结构需要两个 RNN 网络，记为 $f_e(\cdot)$ 和 $f_d(\cdot)$，它们分别代表 Encoder 所使用的 RNN 网络和 Decoder 所使用的 RNN 网络。

$$\text{Encoder:} \quad h_t = f_e(x_t, h_{t-1}^e) \quad h_0^e = 0 \quad \text{(a)}$$
$$\text{Decoder:} \quad y_t = f_d(y_{t-1}, h_{t-1}^d) \quad h_0^d = h_t^e \quad \text{(b)} \tag{8.13}$$

式 (8.13) 描述了一种简单的建模方式，将 Encoder 的最后输出状态作为 Decoder 的初始状态。

> 注意，式 (8.13)(a) 和式 (8.13)(b) 的输入和输出并不相同。对于 Encoder 而言，输入和输出并无关系。而 Decoder 则需要将上一时刻的输出循环输入下一时刻中。

因此 Decoder 需要定义一个 y_0 作为初始值，这个初始值可能是一个符号 "S"，它与文本中的其他标签并无不同。Decoder 循环过程可以是无限输出 y 的。为了防止这种无限循环，需要定义一个结束条件，结束条件也可以定义为一个结束符号 "E"。输出终止符后整个循环就停止了。这个过程如图 8.6 所示。

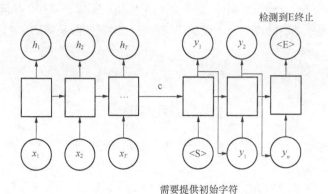

图 8.6　循环神经网络下的编码解码结构

编码—解码结构虽然能完成复杂的任务，但是如图 8.6 所示的结构本身是有缺陷的。可以看到，编码器的编码过程将一段文本转换成了一个固定长度的状态向量。随着编码信息的增多，输入向量长度并未发生改变。这就使结构本身丢失了一定信息，从而造成长文本转换结果不佳的问题。

8.3.2 序列损失函数（Sequence Loss）

由于编码—解码结构本身完成了对齐任务，因此损失函数构建相对简单，将每个时间步均当作分类问题处理即可，这称为序列损失函数。

8.3.3 预测过程

对于编码—解码结构来说，依然有类似于 CTC 的解码过程。解码过程有两种思路，第一种是对贪心策略的每一个时间步均选择最大概率进行输入。第二种是集束搜索策略，在每一个时间步均保留概率较大的 k 种可能。

8.4 实践部分

本次实践部分的两个例子——文本分类和文本生成——实际上可以看成是编码和解码的子结构。文本分类可以看成是 Encoder 用于理解文本语义，而文本生成则更加类似于 Decoder，两个实例与第 7 章不同，本章使用 TensorFlow 来完成网络的搭建工作。为了说明双向 RNN，我们来完成一个分词任务。

8.4.1 使用 RNN 进行文本分类

使用 RNN 作为文本分类算法，我们首先需要考虑全体输入文本的情况，因此循环神经网络需要选取最后一个时间步的输出，并选取固定长度的文本作为输入。在这之前需要确定输入，这里我们选取每篇文章的前 100 个字作为输入，同时建立 RNN 网络进行输入并获取最后一步输出。因此第一步应该为 Embedding 过程，这里选择 embeddingsize=64，见代码清单 8.1。

代码清单 8.1　Embedding 过程

```
inputs = tf.placeholder(tf.int32, [None, 100], name='input_x')
embedding_w = tf.get_variable('embedding_w', [vocab_size, 64])
embedding_inputs = tf.nn.embedding_lookup(embedding_w, input_x)
```

有了适合 RNN 的输入之后，获取最后一步输出，见代码清单 8.2。

代码清单 8.2　两层 RNN 网络构建

```
# 参数可以自行定义，或根据数据获得
n_units = 64
n_layers = 2
```

```
n_classes = 3
# 使用 LSTM 单元
lstm_cell = tf.nn.rnn_cell.LSTMCell
# 多层 RNN 网络
cells = [lstm_cell(n_units) for _ in range(n_layers)]
rnn_cell = tf.nn.rnn_cell.MultiRNNCell(cells)
# dynamic_rnn 函数辅助进行循环输入
outputs, last_state = tf.nn.dynamic_rnn(
    cell=rnn_cell,
    inputs=embedding_inputs,
    dtype=tf.float32)
# 获取最后一步输出，因为其携带了全文信息
last = outputs[:, -1, :]
# 全连接层
fc = tf.layers.dense(last, 64, name='fc1')
# 全连接层转换为分类数
logits = tf.layers.dense(fc, n_classes, name='fc2')
```

最后构建 loss 函数用于分类问题，见代码清单 8.3。

代码清单 8.3　构建 loss 函数

```
cross_entropy = tf.nn.softmax_cross_entropy_with_logits(
    logits= logits,
    labels= target)
loss = tf.reduce_mean(cross_entropy)
# 优化器
opt_step = tf.train.AdamOptimizer(
    learning_rate=1e-3).minimize(loss)
```

由此在每次迭代过程中不断地输入词 ID 即可，最终精度为 94%。此方法所得精度比 LDA+随机森林精度（99%）要低。这是由多方面原因所导致的。第一个原因是我们输入的单元是以中文"字"作为基本单位的，而 LDA 算法是以"词"作为基本单位，因此能携带更多信息；第二个原因是 RNN 输入是有顺序的，而在做文本分类问题时文本顺序并不重要，因此我们引入了不必要的处理元素，导致精度更低；第三个原因是模型复杂度不足。

8.4.2　使用 RNN 进行文本生成实例

在实现文本生成实例之前，我们需要理解如何进行文本生成。文本生成实例实际上就是根据前文来预测之后的词语。在生成新的词语时需要考虑前文的信息。

$$p(y_t|y_{t-1},\cdots,y_1) \tag{8.14}$$

我们需要根据前文信息来预测接下来的词。因此在安排训练样本的过程中可以进行如下的

安排。

> 输入:
>
> 结伴戏方塘，携手上雕航
>
> 标签:
>
> 伴戏方塘，携手上雕航。

也就是我们输入 x_t 之后预期的输出为 x_{t+1}。这里需要定义网络结构，由于输入的是字，因此需要 Embedding，而输出也是字，因此需要将 RNN 的输出变为分类问题，此时需要一个全连接网络转换为分类问题，见代码清单 8.4。

代码清单 8.4　诗句生成网络结构

```
inputs = tf.placeholder(tf.int32, [batch_size, None])
target = tf.placeholder(tf.int32, [batch_size, None])
# 确定 RNN 单元函数
cell_fn = tf.nn.rnn_cell.LSTMCell
# 定义多层 RNN 网络
cell = tf.nn.rnn_cell.MultiRNNCell(
    [cell_fn(n_units) for itr in range(n_layers)])
embedding_w = tf.get_variable(
    "embedding_w",
    [n_words, embedding_size])
inputs = tf.nn.embedding_lookup(
    embedding_w,
    inputs)
# 获取输出
outputs, last_state = tf.nn.dynamic_rnn(
    cell, # 输入单元
    inputs, # 输入
    initial_state=init_state,# 初始状态
dtype=tf.float32)
# 每个时间步均是一个分类问题，因此加入全连接层
logits = tf.layers.dense(
    outputs,
    n_words,
activation=None)
# 计算概率
probs = tf.nn.softmax(logits)
```

使用序列损失函数作为网络的loss 函数，见代码清单 8.5。

代码清单 8.5　定义 loss 函数

```
from tensorflow.contrib.seq2seq import sequence_loss
```

```
loss = sequence_loss(
    logits, # 神经网络输出
    target, # 文本 id 标签
    tf.ones_like(target, dtype=tf.float32)# 权重, 不定长序列对齐部分置 0
    )
```

在训练完成之后,关键的是执行预测过程,见代码清单 8.6。这与前面的贪心解码有所不同。在此引入随机因素进行词的选择,其适合于对话等随机场景。

代码清单 8.6　预测过程代码

```
def to_word(p):
    word = np.random.choice(
        words, # 文中所有的词
        1,  # 选择一个
        p=p) # 概率是神经网络所计算的
    return word
while word != '\n':#检测到回车后终止
    x = np.zeros((1,1))  # 神经网络每次仅输入一个词
    x[0,0] = word_num_map[word]
    probs, state = sess.run(
        [probs, last_state], # 需要获取输出词的概率和状态
        feed_dict={
            input_data: x,
            initial_state: state}) # 状态向量用于记忆前文信息
    word = to_word(probs[0, 0, :]) # 选择词
    print(word)
```

实际上预测过程就是将上一个时刻输出的词循环输入神经网络,从而预测下一个词。因此我们仅需给出第一个词就可以预测下一个词,如图 8.7 所示。

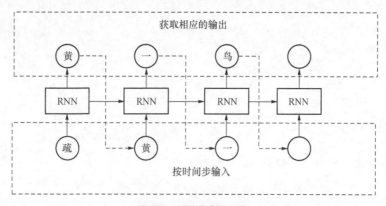

图 8.7　预测过程示意

最终结果如下，我们以人工智能为开头生成诗句。

> n1: 深岭叶新霁，如经松暂香。
> n2: 度关名古地，开阁卷高斋。
> n3: 学道关方出，高游鹤境遥。
> n4: 习亲终七外，谁复共容颜。

8.4.3 中文文本分词实践

本节我们将完整地描述文本分词任务的网络模型和训练过程。这包括数据形式、建模思路、损失函数构建和训练以及预测部分。建模和损失函数是整个机器学习的核心，但对于初学者来说比较难处理的反而是数据。实际工作中往往需要面对海量数据，这需要我们具备一定的数据处理能力。

1. 数据和标注

对于分词训练数据来讲，我们需要有文本数据，同时需要对文本的每一个字符进行标注。分词过程标注分为 4 类。比如"电风扇"，标注中开始的词被标注为"B"，结束的字符被标注为"E"，中间的字符被标注为"M"。对于单个字组成的词以及一些符号，需要标注为"S"。由此，整段文本标注需要 4 类。这是一个分类问题，它需要考虑前后文信息。我们给定的标注数据需要有如下的形式。

> 文本：本章是循环神经网络内容
> 标签：BESBEBMMEBE

如果读者缺少训练集，则可以使用第 7 章所介绍的 Python 的 jieba 库来制造训练集。但这种方式并不是很提倡，因为我们给模型提供其他库所生成的数据实际上是让模型去"学习"其他库的"经验"。但我们应当做的是让机器学习模型学习"人的经验"，这一点很重要，这要求我们在制作训练集时提供足够数量的"人工"标注的数据。但人工标注通常是一个巨大的工程。另外一种解决标注问题的方式是"无监督"学习，而这通常很难。

2. 数据转换

在读入标注数据后，我们需要为文本中的每个字符和标签赋予一个单独的 ID，这种编号是数值连续的，但并没有顺序之分。从另一个角度来讲，这是 one-hot 标签的稀疏矩阵表示。中文的字符数量较多，我们需要建立并保存字典。

> 文本转 id 字典
> {'敬': 0, '曙': 1, '微': 2, '向': 3, '西': 4, '萃': 7, '锶': 12, '猛': 8, '荡': 9, '磺': 14, '翁': 11, '绌':

4306, '渔': 13, '臧': 15, '愈': 16, '澶': 17, '屈': 19, '端': 20, '件': 23, '笛': 28, '翱': 29, '沙': 27, '琨':
3548, '悖': 4309, '店': 30, '罪': 31, '岫': 34, '斫': 36, '沐': 3762,....}

标签转 id 字典

{'b': 0, 'm': 1, 'e': 2, 's': 3}

这个字典很重要，它是文本向量化的第一步。在训练和预测的过程中，都需要使用相同的字典，见代码清单 8.7。

代码清单 8.7　数据处理代码

```
# words 与 tags 是从训练集中读取的数据和标签
word_set = set(words)
len_word = len(word_set)
tags_set = set(tags)
len_tags = len(tags_set)
# 如果没有字典文件，则建立字典并进行保存，否则直接进行读取
if os.path.exists("word2id.dic") == False:
    word2id = dict(zip(word_set, range(len_word)))
    tags2id = dict(zip(tags_set, range(len_tags)))
    with open("word2id.dic", "w", encoding="utf-8") as f:
        f.write(str(word2id))
    with open("tags2id.dic", "w", encoding="utf-8") as f:
        f.write(str(tags2id))
else:
    with open("word2id.dic", "r", encoding="utf-8") as f:
        word2id = eval(f.read())
    with open("tags2id.dic", "r", encoding="utf-8") as f:
        tags2id = eval(f.read())
```

3. 参数选取

这里定义几个参数，它们属于常规参数，见代码清单 8.8。

代码清单 8.8　参数设定

```
# 序列长度
seq_len = 36
# 隐藏层数量
hidden_size = 128
# 神经网络层数
num_layer = 2
# BATCHSIZE（批尺寸）
batch_size = 36
# 学习率
learning_rate = 1e-3
```

进行参数设定时将序列长度设为36（也就是时间步长度），在分词任务中并不需要太长的前后文，过多时间步会使训练难以进行。这个时间步长度在训练过程中是固定的，也就是每次需要输入相同长度的文本。隐藏层数量选择为128，过少的隐藏层数量会使拟合程度不足，对于分词任务，64个隐藏层神经元数量也是可以的，过多则会难以进行训练。神经网络层数选择为2，循环神经网络相比于卷积神经网络更加难以训练，过多的层数会带来性能和训练的问题，从另一方面来说两层神经网络已经可以很好地完成任务了。批尺寸选择为16，较大的批尺寸会使训练过程梯度选择更加合理，但是会显著地增加训练时间，由于时间步的存在，循环神经网络本身相比于卷积神经网络的批尺寸可以更小。Adam优化算法的学习率相比于随机梯度下降法取值会更加小，对于训练过程而言，随着训练过程的进行学习率将逐渐减少。

获取的每批训练集均是从数据集中随机选取的一段数据，这种随机性很多时候是必要的，见代码清单8.9。

代码清单 8.9　获取每次迭代训练数据

```
def get_batch():
    inx, ind = [], []
    for itr in range(batch_size):
        idx = np.random.randint(0, len_data-seq_len)
        inx.append(word_id[idx:idx+seq_len])
        ind.append(tags_id[idx:idx+seq_len])
    return inx, ind
```

4. 神经网络模型

神经网络模型采用本章中所讲的双向 RNN 网络，数据正向输入后再进行反向输入，见代码清单8.10。

代码清单 8.10　使用 TensorFlow 建立计算图

```
import tensorflow as tf
from tensorflow.contrib import rnn, seq2seq
batch_size = 12
seq_len = 33
len_word = 1200
embedding_size = 128
n_units = 128
n_layers = 2
n_classes = 4
# 获取输入和标签的placeholder
inputs = tf.placeholder(tf.int32, [batch_size, seq_len])
target = tf.placeholder(tf.int32, [batch_size, seq_len])

# 文本向量化
```

```
with tf.variable_scope("embedding"):
    embedding_w = tf.get_variable(
        "embedding_w",
        [len_word, embedding_size])
    inputs_fw = tf.nn.embedding_lookup(
        embedding_w,
        inputs)
    # 输入序列在时间维度反向
    inputs_bw = tf.reverse(inputs_fw, [1])
# 定义正向、反向的 RNN 单元
with tf.variable_scope("rnns"):
    fw_cell = [rnn.BasicLSTMCell(n_units) for _ in range(n_layers)]
    bw_cell = [rnn.BasicLSTMCell(n_units) for _ in range(n_layers)]

    fw_cell = rnn.MultiRNNCell(fw_cell)
    bw_cell = rnn.MultiRNNCell(bw_cell)

    fw_state = fw_cell.zero_state(batch_size, dtype=tf.float32)
    bw_state = fw_cell.zero_state(batch_size, dtype=tf.float32)
# 获取输出
output_fw = []
output_bw = []
# 由于每次循环中所用的 rnn 中的参数是相同的，因此需要加入 REUSE 参数
with tf.variable_scope("birnn", reuse=tf.AUTO_REUSE):
    for itr in range(seq_len):
        o1, fw_state = fw_cell(inputs_fw[:, itr, :], fw_state)
        o2, bw_state = bw_cell(inputs_bw[:, itr, :], bw_state)
        output_fw.append(o1)
        output_bw.append(o2)


with tf.variable_scope("outputs"):
    # 将输出转换为[BatchSize, T, Feature]形式
    output_fw = tf.transpose(output_fw, [1, 0, 2])
    output_bw = tf.transpose(output_bw, [1, 0, 2])
    # 将反向传播的输出反向
    output_bw = tf.reverse(output_bw, [1])
    # 将两个网络的结果进行连接
    outputs = tf.concat([output_fw, output_bw], axis=2)
    # 输入全连接层中形成最终输出
    logits = tf.layers.dense(outputs, n_classes)

with tf.variable_scope("loss"):
    # 利用交叉熵建立序列损失函数
    loss = seq2seq.sequence_loss(
        logits, # 双向 RNN 网络输出
```

```
        target, # 标签只有 4 种，分别为一个词的起始字（Begin）、结束字（End）、独立字（Single）
和中间字（Middle）
        tf.ones_like(target, dtype=tf.float32))
```

由此，我们完成了模型的构建工作。当然，在形成双向 RNN 时有辅助函数，见代码清单 8.11。

代码清单 8.11　RNN 辅助输入函数

```
(output_fw, output_bw), state = tf.nn.bidirectional_dynamic_rnn(
    fw_cell,# 正向单元
    bw_cell,# 反向单元
    inputs_fw#仅需正向输入即可
)
```

其可以帮助我们快速地完成双向 RNN 网络建立的过程。

5.　网络训练

在训练过程中使用 Adam 优化算法。迭代固定次数，见代码清单 8.12。

代码清单 8.12　训练部分代码

```
opt = tf.train.AdamOptimizer(1e-3)
step = opt.minimize(loss)

sess = tf.Session()
sess.run(tf.global_variables_initializer())
tf.summary.FileWriter("logdir", sess.graph)
saver = tf.train.Saver()
saver.restore(sess, tf.train.latest_checkpoint("model"))
text = "本章是循环神经网络内容本章是循环神经网络内容本章是循环神经网络内容"
text_id = [word2id[itr] for itr in text]
text_16 = [text_id for itr in range(16)]
for itr in range(N):
    inx, ind = get_batch()
    ls, _ = sess.run([loss, step], feed_dict={inputs:inx, target:ind})
    if itr % 10 == 0:
        print(itr, "loss", ls)
        saver.save(sess, "model/ckpt", global_step=itr)
        ot = sess.run(tf.argmax(logit, 1), feed_dict={inputs:text_16})
        ot = [id2tag[ii] for ii in ot[:11]]
        print("本章是循环神经网络内容")
        print("".join(ot))
```

由于训练过程中 placeholder 是固定的，因此在测试过程中需要给定相同长度和数量的文本。迭代次数固定为 20 000 次，在迭代 2 000 次时 loss 函数从 1.4 降低到 0.3，此时结果在一定程度上可用。

6. 预测过程与结果

在预测过程中只需给定文本即可，因为 placeholder 指定了矩阵的形状，因此需要将文本补齐成指定长度，见代码清单 8.13。

代码清单 8.13　预测过程

```
ot = sess.run(tf.argmax(logit, 1), feed_dict={inputs:text_16})
ot = [id2tag[ii] for ii in ot[:11]]
```

对于前面的一句话预测结果如下。

```
文本：本章是循环神经网络内容
预测：besbmmebebe
```

由于训练过程迭代并未完全收敛，因此在分词过程中出现了部分问题。出现问题的原因可能在于"循环神经网络"本身并未出现在训练集中。但对于其他结果来说，这是可用的。

7. 改进函数

前面说到，由于定义了固定长度，我们无法输入任意长度的文本进行训练和预测，因此在定义 placeholder 的过程中将两个维度都改为 None，也就是可以输入任意长度，见代码清单 8.14。

代码清单 8.14　函数 API 改进

```
# 获取输入和标签的 placeholder
inputs = tf.placeholder(tf.int32, [None, None])
target = tf.placeholder(tf.int32, [None, None])

# 文本向量化
with tf.variable_scope("embedding"):
    embedding_w = tf.get_variable(
        "embedding_w",
        [len_word, embedding_size])
    inputs_fw = tf.nn.embedding_lookup(
        embedding_w,
        inputs)
# 定义正向、反向的 RNN 单元
with tf.variable_scope("rnns"):
    fw_cell = [rnn.BasicLSTMCell(n_units) for _ in range(n_layers)]
    bw_cell = [rnn.BasicLSTMCell(n_units) for _ in range(n_layers)]

    fw_cell = rnn.MultiRNNCell(fw_cell)
    bw_cell = rnn.MultiRNNCell(bw_cell)
```

```
(output_fw, output_bw), state = tf.nn.bidirectional_dynamic_rnn(
    fw_cell,# 正向单元
    bw_cell,# 反向单元
    inputs_fw,#仅需正向输入即可
    dtype=tf.float32
)
with tf.variable_scope("outputs"):
    outputs = tf.concat([output_fw, output_bw], axis=2)
    # 输入全连接层中形成最终输出
    logits = tf.layers.dense(outputs, n_classes)

with tf.variable_scope("loss"):
    # 利用交叉熵建立损失函数
    loss = seq2seq.sequence_loss(
        logits, # 双向 RNN 网络输出
        target, # 这里的标签只有 4 种
        tf.ones_like(target, dtype=tf.float32))
```

在之后的改进中使用了 TensorFlow 自带的双向 RNN 函数，可以直接完成正反输入过程并进行连接，这可以极大地减少代码量。同时，可以增加计算性能。

8. 使用卷积神经网络完成分词任务

在了解训练集后，我们会发现分词任务并不需要很长的前后文信息。因此我们可以建立用于分词任务的卷积神经网络来完成分词任务，见代码清单 8.15。

代码清单 8.15 卷积神经网络分词

```
# 获取输入和标签的 placeholder
inputs = tf.placeholder(tf.int32, [None, None])
target = tf.placeholder(tf.int32, [None, None])

# 文本向量化
with tf.variable_scope("embedding"):
    embedding_w = tf.get_variable(
        "embedding_w",
        [len_word, embedding_size])
    inputs_fw = tf.nn.embedding_lookup(
        embedding_w,
        inputs)
net = inputs_fw
for itr in range(4):
    net = tf.layers.conv1d(
        net,
        n_units,
        3,
```

```
        padding="SAME",
        activation=tf.nn.relu)
outputs = net

with tf.variable_scope("outputs"):
    # 输入全连接层中形成最终输出
    logits = tf.layers.dense(outputs, n_classes)

with tf.variable_scope("loss"):
    # 利用交叉熵建立损失函数
    loss = seq2seq.sequence_loss(
        logits, # 双向 RNN 网络输出
        target, # 这里的标签只有 4 种
        tf.ones_like(target, dtype=tf.float32))
```

在建立 4 层卷积神经网络后进行训练可以得到如下结果。

> 文本：本章是循环神经网络内容
> 预测标签：besbmmebebe

可以看到，使用卷积神经网络同样可以完成分词任务。而建立的网络本身的感受野大小为 (4*(3−1)+1)=9，也就是可以处理的前后文长度为 9，此时依赖关系如下。

$$p(label_i|x_{i-4} \cdots x_{i+4}) \tag{8.15}$$

这种长度的前后文对于分词任务来讲是可以的，而卷积神经网络相比于循环神经网络在训练上有效率优势。因此在实际工作中不必局限于使用循环神经网络解决问题。

8.5 小结

本章讲述了由基本的 RNN 单元所衍生的更加复杂的网络结构，包括双向 RNN、编码—解码结构。注意，编码-解码结构与 RNN 并非绑定关系。

实践部分讲了两个实例，一个用于文本分类，这个任务从另一个角度来看相当于将一段文本压缩成一个向量，因此可以认为是 Encoder。另外一个任务是诗句生成，其过程是给定一个字后生成一个序列，这个过程更加类似于 Decoder。

后半部分为文本分词实例，主要目的是使读者理解 TensorFlow 的使用。但 API 甚至于库的流行总会发生变化，掌握建模核心后使用任何机器学习库均可以完成任务。因此读者应当在熟悉库函数使用后将更多精力放在数据和建模之上，这是机器学习的灵魂。可以看到，在建立概率模型后我们可以使用卷积神经网络解决相同的问题。这是神经网络作为一种通用机器学习算法的优势所在。

第 9 章
深度学习优化

　　本章将涉及深度学习的优化部分，这部分更多的是对经验的总结，并没有一个确定的数值和思路。深度学习发展至今有很多的辅助结构值得深入了解，比如残差网络、注意力机制和 BatchNorm 层。辅助结构的存在使神经网络可以获得高效、优质的结果，很多时候甚至是不可或缺的。在学习这些优化结构之前，我们需要探寻每种优化结构产生的缘由，这是今后进行选择性优化的基础，同时也是深入了解深度学习所必需的。

　　深度神经网络的优化，使我们可以建立更加容易训练的模型，从而更快更好地实现目标。这里优化分为两个部分，第一部分是对于神经网络的超参数优化，超参数选择更多的是基于经验；第二部分属于神经网络结构优化，这对于神经网络的深度建模是必要的。神经网络在层数过多时是难以训练的，而有了优化结构，神经网络可以在深度上继续建模，目前残差网络可以使神经网络的层数达到 1 000 层以上。此时，神经网络的拟合能力得到极大提升，这在之前是很难想象的。

9.1　网络结构优化

　　本章将对神经网络结构优化部分进行说明，包括 Inception、残差网络和注意力机制。结构的优化赋予了我们建立更复杂模型、完成更复杂任务的能力。在按照基础部分进行实践的过程中，可能会遇到模型复杂度足够、但训练结果并不理想的情况，这是因为缺少一些有效的优化手段，有时无法使我们建立的模型达到应有的精度。

9.1.1　Inception 结构

　　卷积神经网络中一个关键的概念是"感受野"，这在前面已经介绍过。扩大"感受野"的简单方式就是增加神经网络深度或扩大卷积核心。上述两种方式都可以有效地增大"感受野"。但是，单纯增加网络深度或者扩大卷积核心会导致整个训练过程难以进行。很多时候，如果几层神经网无法得到应有的结果，那么简单粗暴地增加网络层可能也无法得到应有的结果。Inception 网络的思想就是将不同"感受野"大小的卷积网络的结果进行连接。由此，可以学习不同尺度的特征信息，从而增强特征的有效性。例如，本身"感受野"为 5、学习特征图数量为 32，而将"感受野"大小为 5、特征图数量为 16 与"感受野"大小为 3、特征图数量为 16 的卷积结果进行连接。这比单纯的卷积更加有效，更容易训练。在深度神经网络里可训练性与模型复杂度同样重要。从另一方面来讲（也是更重要的），Inception 层对于传统的卷积层进行了拆分，首先[5,5]的卷积核心与两层的[3,3]卷积核心"感受野"相同，但是可训练参数的数量变为 $3 \times 3 \times 2 = 18$，与原有大小为 25 的可训练参数数量相比，进行了有效缩减，因此训练过程更容易执行。

> 这里有一个隐藏含义，就是深度神经网络的可训练参数是冗余的，适当减少可训练参数并不会影响神经网络的表达能力。

经典的 Inception 结构如图 9.1 所示。在 Inception 的每一个分支上均加入了一个 1×1 的逐点卷积，用以减少通道数，这对于可训练参数的减少是十分重要的。

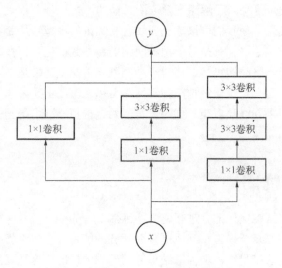

图 9.1　经典 Inception 网络结构示意

对于 Inception 结构，还有其他组合方式，如将卷积核心变为[1,5]+[5,1]，"感受野"依然相同，但是可训练参数减少了。

9.1.2　残差网络

在进行深度神经网络结构优化时，另一个思路是增加支路。

$$h^{l+1} = f(h^l) + h^l \qquad (9.1)$$

式 (9.1) 中 f 为多层卷积结构，h^l 为神经网络输入。添加支路的方式可以使训练过程更加有效。原因是，添加了支路，整个梯度传播过程可以沿支路进行。

$$\text{未添加支路：} e^l = \frac{\partial loss}{\partial h^l} = \frac{\partial loss}{\partial h^{l+1}} \frac{\partial h^{l+1}}{\partial h^l} = e^{l+1} e^l$$

$$\text{添加支路后：} e^l = \frac{\partial loss}{\partial h^l} = \frac{\partial loss}{\partial h^{l+1}} \frac{\partial h^{l+1}}{\partial h^l} = e^{l+1}(e^l + 1) \qquad (9.2)$$

由于计算梯度的过程中有支路的存在，因此梯度并不会出现连续相乘的情况。这种连续相乘使误差呈指数级衰减（严格来说是分布的变化），接近输入层的梯度变得非常小。而加入支路后这种指数衰减得以在一定程度上得到限制。上述过程如图 9.2 所示。

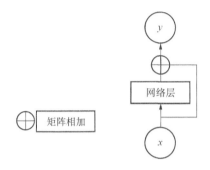

图 9.2 残差网络结构

这样一来，整个深度神经网络更加接近于一个浅层神经网络，因此深度残差网络可以变得很深，有些网络会达到 1 000 层。深度残差网络自诞生起就在很多图像识别上展示出良好的效果。

9.1.3 注意力机制

注意力（Attention）机制用于改善编码—解码结构的结果，它增加了编码器与解码器之间的信息通道。在前面的章节中，编码器传入解码器的是最后一个状态向量，这个向量的长度是有限的，因此携带的信息有限。从另一个角度来说，需要引入更多向量来进行解码。在传统的解码器中，计算如下。

$$s_i = f(s_{i-1}, y_{i-1}) \qquad (9.3)$$

式 (9.3) 中 y 为输出向量，s 为状态向量，状态向量包含了语义信息。由于这个过程所携带的信息有限，因此需要融入更多信息，而更多的信息源于编码器的输出 $h_1, \cdots, h_T$。

$$s_i = f(\boldsymbol{s}_{i-1}, y_{i-1}, c_i)$$
$$c_i = \alpha_{ij} h_j$$
$$\alpha_{ij} = \text{softmax}(score_{ij}) \tag{9.4}$$
$$score_{ij} = g(\boldsymbol{s}_{i-1}, h_j)$$

式 (9.4) 是 Bahdanau 参考文献中给出的 Attention 机制示例。函数 g 可以有多种形式，其中一种计算方式如下。

$$g(\boldsymbol{s}_{i-1}, h_j) = W \cdot \tanh(W_1 \cdot h_j + W_2 \cdot \boldsymbol{s}_{i-1} + b) \tag{9.5}$$

式 (9.5) 中 W 为可训练参数，式 (9.4) 的执行过程如下。

$$\hat{y}_{i-1} = \text{concat}(y_{i-1}, c_{i-1})$$
$$\boldsymbol{s}_i = rnn(\hat{y}_{i-1}, \boldsymbol{s}_{i-1})$$
$$score_{ij} = g(\boldsymbol{s}_i, h_j) \tag{9.6}$$
$$\alpha_{ij} = \text{softmax}(score_{ij})$$
$$C_i = \alpha_{ij} h_j$$

式 (9.6) 为 Attention 机制的执行方式，其中 concat(y_{i-1}, c_{i-1}) 代表向量连接，softmax 函数为通常意义的 Softmax，默认约定求和。其中关键的部分在于，在原输入向量的基础上融入了注意力机制所产生的向量。将 Attention 机制绘制成图，读者可以参考第 8 章的网络结构，如图 9.3 所示。

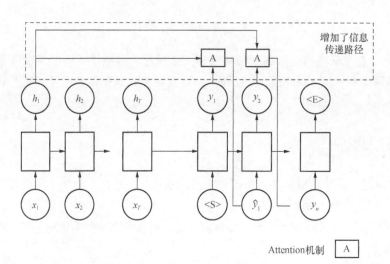

图 9.3　Attention 机制示意图

可以看到，Attention 机制本身增加了信息传递的路径，这使解码器可以不依赖于最终传入的状态向量而完成解码过程。由于不需要状态向量，因此将整个编码—解码结构替换为卷积神经网络，也可以达到相同的目的。

9.2 神经网络辅助结构

9.2.1 批正则化

1. CovariateShift

在解释批正则化之前需要解释一下什么是样本数据的分布变化（CovariateShift）问题。样本分布问题是整个机器学习中的一个根本性问题，直接决定了神经网络的预测性能。用概率模型描述机器学习的预测过程如下。

$$p(y|x) \tag{9.7}$$

式 (9.7) 中 x 是样本数据，y 是预测输出。假设训练集样本分布为 $q_0(x)$，测试集样本分布为 $q_1(x)$。测试集和训练集样本分布的不同必然会导致网络模型预测的差异，这是 CovariateShift 所描述的问题。举个例子来说，需要预测的数据真实分布如下。

$$y = x^2 + \varepsilon \tag{9.8}$$

式 (9.8) 中 ε 为正态分布噪声 N(0, 0.2)，对于分布为 N(−1, 1) 的训练集 x，建立模型如下。

$$y = ax + b \tag{9.9}$$

利用最小二乘法得到 a 为 −1.94，显然式 (9.9) 所拟合的方程与数据的分布有关，其趋势代表大部分数据的结果。在均值为 −1 的数据之上，a 为 −1.94 是合适的。但是应用此模型预测数据均值为 1 的数据集显然是不合理的。预测过程改变了数据的原有分布。解决方式包括使用加权最小二乘，加权值为两个分布之间的比，这使训练集中符合预测集分布的点具有较高权值。

$$w(x) = \frac{q_1(x)}{q_0(x)} \tag{9.10}$$

式 (9.10) 中 q_0 为训练数据分布，q_1 为预测数据分布。加权后利用相同的方式求得 $a = 1.27$。加权使模型在预测分布均值为 1 的数据时更加合理。

2. 批正则化

神经网络的训练是每次输入一批样本 $\{x_1,...,x_n\}$，如果每个批内输入的样本分布不同就会引起式 (9.9) 的问题，一部分样本学习的目标为 −1.94，另一批样本学习的目标为 1.27。由于分布的不同导致每次学习的参数不断发生改变，进而使训练过程变得缓慢。

从另外一个角度来说，神经网络激活函数选择 sigmoid 函数。

$$y_i = \text{sigmoid}(W_{ik} \cdot x_k) \tag{9.11}$$

式 (9.11) 中 x 可能为上一层神经网络的输出，也可能是样本。对于均值不为 0 的样本而言可能导致 $W_{ik} \cdot x_k$ 过大，从而导致学习过程中出现梯度接近 0 的问题。

解决这个问题的方法为去均值。

$$\hat{x}_k = x_k - \mathbb{E}(x_k) \tag{9.12}$$

去均值处理可以减少出现梯度问题的可能。为了使样本分布尽可能统一，需要做的就是利用标准差进行归一化。

$$\hat{x}_k = \frac{x_k - \mathbb{E}(x_k)}{\sigma^2(x_k)} \tag{9.13}$$

式 (9.13) 是在批内计算的梯度和均值。这种标准化加速了收敛。批正则化为了将整个变换表示为恒等变换，在此基础上引入了两个可训练参数。

$$y_k = \gamma_k \hat{x}_k + \beta_k \tag{9.14}$$

由此完成了批正则化的过程。在优化训练的过程中使用链式求导法则对 γ、β 进行求解。卷积神经网络是以特征图作为基本单位进行正则化计算的。

9.2.2 DropOut

可能很多人在了解神经网络之后，常听到的词就是 DropOut 层，此层产生的主要目的在于防止神经网络过拟合。

在解决过拟合问题时常用的方法为集成学习（Ensemble）。将多个容易过拟合的网络（高方差、低偏差分类器）求平均以期获得更好的结果。但是训练不同的模型代价太高。而网络之中的神经元有大量冗余，这种冗余表明我们可以用更少的神经元来完成任务，但是现阶段还没有较好的算法来完成神经网络的剪枝工作。因此训练过程可以使网络的一部分神经元处于激活状态，这样整个网络可以看成是多个神经网络的融合，从而降低过拟合风险。实现过程比较简单。

$$h^{l+1} = f(h^l \cdot W + b) \tag{9.15}$$

式 (9.15) 是传统的全连接网络，f 为激活函数，h^l 为第 l 层神经网络。DropOut 方法在训练过程中将部分权值置为 0，因此整个网络变为如下形式。

$$\begin{aligned} r^l &\leftarrow \text{Bernoulli}(p) \\ \hat{h}^l &= r^l \circ y^l \\ h^{l+1} &= f(\hat{h}^l \cdot W + b) \end{aligned} \tag{9.16}$$

式 (9.16) 中伯努利分布为 0-1 分布，取 l 的概率为 p。r 向量的长度与隐藏层维度相同，用于向量的 Hadamard 乘积。训练过程中梯度不作用于 r 取值为 0 的位置的节点。而在预测过程中，权值需要乘以概率 p。网络中加入 DropOut 可以有效地避免过拟合问题，同时更好地提升网络性能。

9.3 深度学习参数优化

所谓超参数，是指在模型训练之前调整的参数，包括隐藏节点数、DropOut 比例和学习率等。相比其他机器学习算法，深度学习所需调整的超参数更多。超参数的选择会影响网络的训练过程，如果选择不合理甚至会使迭代无法收敛。超参数的选取更多的是根据经验，但也有一些方法可以借鉴。

9.3.1 学习率

学习率是重要的超参数之一，好的学习率可以有效地加快迭代收敛速度，并避免迭代发散问题。学习率的值可以按 10 的倍数调整，比如取{0.1,0.01，…}。对于已经训练好的网络，可以使用较小的学习率来继续训练；对于新的网络，可以先选择较小的学习率对网络进行预热，然后选择比较大的学习率，在之后的训练过程中学习率可以逐渐减小。

学习率的选择是一个比较复杂的问题，目前更多的是根据经验进行选择。现有的优化算法，比如 AdaGrad、Adam 等，对于学习率的选择更加具有鲁棒性。这些算法会使学习率随着训练过程不断减小。还有一些关于学习率的方法，比如初始选择一个很小的学习率，每次迭代学习率不断增大，观察 loss 函数的变化。在 loss 函数拐点处的就是比较合适的学习率。

9.3.2 批尺寸

批尺寸可以在一定范围内调整，大的批尺寸可以使梯度的估计更加准确，但是内存消耗也在不断地增多，有时收敛速度并未明显升高。如果迭代过程中出现了内存不足的情况，则可以酌情减少批尺寸的大小。对于 RNN 网络，批尺寸可以适当减小。需要注意，批尺寸的影响可能并没有想象中那么大，使用 32 与 64 可能获得相同的迭代收敛速度。但想获得更高精度可以选择大的批尺寸。

9.3.3 Embedding 大小与 DropOut 数值

这是自然语言处理过程中的参数，自然语言处理过程需要对词向量进行降维。EmbeddingSize 可以在 128 进行左右调整。DropOut 参数选择在 0.5 进行左右调整，过小会使网络不收敛，过大会缺少防止过拟合的效果。

9.3.4 网格搜索方法

网格搜索法是常提及的方法之一，其本质是有限集合的笛卡儿积。举一个例子，集合

A={0.1,0.01，0.001，0.0001}代表步长的选择。集合 B={10，50，100，200}代表隐藏节点的数量。那么在进行参数调整的过程中可以选择的取值为C = A × B共有 3×4=12 个参数对。显然网格搜索方法是一个十分耗时的过程，因此在实践过程中可以融入自己对网络的理解。对于应用来说，更合理的方式是从文献中寻找需要的参数。

9.3.5 初始化策略

不恰当的初始化值会导致迭代过程缓慢，甚至难以收敛，这是因为在正向和反向传播过程中输入/输出层分布存在变化。因此可以选择多种方式进行初始化。

$$
\begin{aligned}
\text{Xaiver} \quad & W \leftarrow U(-\sqrt{\frac{6}{n_1+n_2}}, +\sqrt{\frac{6}{n_1+n_2}}) \\
\text{He} \quad & W \leftarrow U(-\sqrt{\frac{6}{n_1}} +\sqrt{\frac{6}{n_1}}) \\
\text{Xaiver} \quad & W \leftarrow N(0, \sqrt{\frac{2}{n_1+n_2}}) \\
\text{He} \quad & W \leftarrow N(0, \sqrt{\frac{2}{n_1}})
\end{aligned}
\tag{9.17}
$$

式 (9.17) 描述了两种初始化方式，其中 U 为均匀分布，N 为高斯分布，n_1 和 n_2 为输入/输出长度。Xaiver 初始化适用于 tanh 等激活函数，He 适用于 ReLU 激活函数。

9.3.6 数据预处理

深度神经网络虽然弱化了数据特征工程，但依然需要对数据进行预处理。这些预处理方式包括去均值以及协方差均衡。

$$
\hat{x} = \frac{x - \mathbb{E}(x)}{\sqrt{Var(x)}}
\tag{9.18}
$$

其中，Var 代表数据方差。

9.3.7 梯度剪裁

为了避免训练过程出现梯度膨胀（Gradient Explosion）问题，可以对梯度进行剪裁（Clip Gradient），其方式如下。

$$
\begin{aligned}
& g && \text{if } \|g\| < thershold \\
& \frac{thrshold}{\|g\|} \cdot g && \text{if } \|g\| \geq thershold
\end{aligned}
\tag{9.19}
$$

9.4 实践部分

构建优化的卷积神经网络结构，见代码清单 9.1。

代码清单 9.1　Inception-ResNet

```
import tensorflow as tf

def InceptionResnetDemo(net, name="InceptionResnet"):
    """
    本例是将 Inception 网络与 ResNet 结构进行融合
    """
    with tf.variable_scope(name):
        # Inception 网络部分
        with tf.variable_scope('Branch_0'):
            #第一个支路
            tower_conv = tf.layers.conv2d(
                net,
                32, 1,
                activation=tf.nn.relu,
                padding='same',
                name='Conv2d_1x1')
        with tf.variable_scope('Branch_1'):
            #第二个支路
            tower_conv1_0 = tf.layers.conv2d(
                net,
                32, 1,
                activation=tf.nn.relu,
                padding='same',
                name='Conv2d_0a_1x1')
            tower_conv1_1 = tf.layers.conv2d(
                tower_conv1_0,
                32, 3,
                activation=tf.nn.relu,
                padding='same',
                name='Conv2d_0b_3x3')
        with tf.variable_scope('Branch_2'):
            #第三个支路
            tower_conv2_0 = tf.layers.conv2d(
                net,
                32, 1,
                activation=tf.nn.relu,
                padding='same',
                name='Conv2d_0a_1x1')
            tower_conv2_1 = tf.layers.conv2d(
```

```
                tower_conv2_0,
                48, 3,
                activation=tf.nn.relu,
                padding='same',
                name='Conv2d_0b_3x3')
            tower_conv2_2 = tf.layers.conv2d(
                tower_conv2_1,
                64, 3,
                activation=tf.nn.relu,
                padding='same',
                name='Conv2d_0c_3x3')
        # 对学习到的所有特征都进行连接
        mixed = tf.concat([tower_conv, tower_conv1_1, tower_conv2_2], 3)
        up =  tf.layers.conv2d(
            mixed,
            net.get_shape()[3],
            1,
            activation=None,
            padding='same',
            name='Conv2d_1x1')
        # 残差网络部分
        net = net + up
    return net
```

上面的代码将一个简单的卷积层扩展成了 Inception+ResNet 的结构。Inception 共引入了 3 个支路。感受野大小分别为 1、3、5。在每个支路的开始有一个逐点卷积（卷积核心为 1），用于进一步减少可训练参数的数量。简单来看，相当于将一个卷积核心大小为 5、特征图数量为 128 的简单卷积拆分成特征图数量为 32、32、64，相应的感受野为 1、3、5 大小的 3 个卷积。而感受野大小为 3 的卷积拆分成了两层卷积，感受野大小为 5 的卷积拆分成了三层卷积。

9.5 小结

本章介绍了与深度学习相关的几种优化结构，这对于搭建深度神经网络而言是必要的，因此希望各位读者能理解其中的设计原理。在实际工作中可以考虑多种组合优化方式来完成自己的任务。

第三部分

第 10 章
图像处理任务

本章将对深度学习图像处理内容进行实践，所用网络的结构主要为卷积神经网络。这包含卷积神经网络实践的多个方面。本章的目的在于以实例的形式展示卷积神经网络在图像处理中的使用。本章主要包含 4 个方面的内容。

（1）图像多分类问题。

（2）用纯卷积结构处理任意大小的图像。

（3）物体检测问题。

（4）对抗生成网络与图像生成问题。

4 个方面的内容是以递进的方式给出的，首先图像分类是相对于固定大小的图像而言的，之后衍生出的需求为处理任意大小的图像，由此自然就有了纯卷积结构处理方式，而物体检测网络是在此之上的一种优化方式，最后对抗生成网络是一种利用卷积神经网络生成图像的结构，其结构可以用于图像去噪、超分辨率采样等领域。以不太严谨的角度来看，其可以属于无监督学习内容。本章中的大部分问题是有监督的机器学习过程，因此需要提供标签数据，但标签数据的给定方式并不相同，在一些项目之中并未有明确的标签数据。

在本章的学习过程中，希望读者关注以下 3 个部分。

（1）建模以及优化思路。

（2）损失函数的构建。

（3）模型预测的过程。

前两部分是整个机器学习的核心。只有深刻地理解建模之后才能发挥深度神经网络强大的表达能力。损失函数的构建是深度神经网络建模中的关键部分，代表了我们如何看待机器学习问题。预测过程是将模型直接用于实践之中。

10.1 图像多分类问题

卷积神经网络适合于处理信号和图像任务。本节将建立多层神经网络来完成图像识别任务。

在解决机器学习问题时，需要明确输入和输出。

$$y = f(x) \tag{10.1}$$

式 (10.1) 中 x 为图像，矩阵的形式为 [BATCHSIZE,Height,Weight,Chanel]。这里图像的长宽对于所有训练集和测试集是一致的。y 为输出，对于分类问题来说，其维度为 [BATCHSIZE,类别数]。假设有一函数 g 生成 h，而 y 则由 h 产生。

$$\begin{aligned} h &= g(x) \\ y &= f(h) \end{aligned} \tag{10.2}$$

之后再完成分类任务，我们可以认为 h 本身携带了足够的分类信息。此时，h 的维度可以小于 y。使用前面的利用卷积神经网络进行手写数字识别的例子来介绍，见代码清单 10.1。

代码清单 10.1　手写数字修改代码

```
inputs = tf.placeholder(tf.float32, [None, 28, 28, 1], name="input_x")
target_int = tf.placeholder(tf.int32, [None], name="input_label")
target = tf.one_hot(target_int, 10)
#定义卷积层
net = tf.layers.conv2d(x2d, 32, 3, activation=tf.nn.relu, padding='valid')
net = tf.layers.conv2d(net, 32, 3, activation=tf.nn.relu, padding='valid')
net = tf.layers.max_pooling2d(net, 2, 2)
net = tf.layers.conv2d(net, 64, 3, activation=tf.nn.relu, padding='valid')
net = tf.layers.conv2d(net, 64, 3, activation=tf.nn.relu, padding='valid')
net = tf.layers.max_pooling2d(net, 2, 2)
#flatten层，用于将三维的图像数据展开成一维数据，用于全连接层
net = tf.layers.flatten(net)
net = tf.layers.dense(net, 64, activation=tf.nn.relu)
# 此层仅有两个单元
h = tf.layers.dense(net, 2, activation=None)
logits = tf.layers.dense(h, 10, activation=None)
#定义 loss 函数
ce=tf.nn.softmax_cross_entropy_with_logits(labels=target, logits=logits)
loss = tf.reduce_mean(ce)
```

在上述代码中加入了全连接层，见代码清单 10.2。

代码清单 10.2　全连接层

```
h = tf.layers.dense(net, 2, activation=None)
```

隐藏层数量为 2，而分类任务中类别数量为 10，因此在此基础上又加入了两层全连接用以完成分类问题，网络模型如图 10.1 所示。

可以看到，在加入隐藏层 h 后，隐藏层向量长度变小，而分类问题向量较长，从另一角度来说，h 携带了足够的分类信息。因此，函数 f 用于提取特征以形成隐藏向量 h，而 g 则将隐藏向量用于分类问题。将 h 绘制成散点图，如图 10.2 所示。

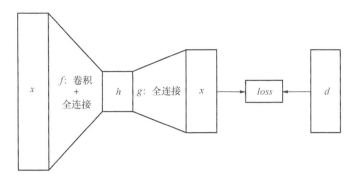

图 10.1　网络结构示意

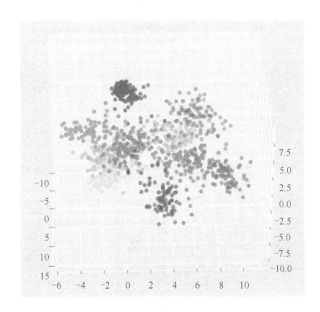

图 10.2　隐藏向量散点图

可以看到，相同的数字散点在二维空间中相近的区域，函数 f 的目的在于提取手写数字特征，从而将一张图像映射到二维空间之中。这同样也可以看成是编码的过程。回想字符嵌入的过程，这里的编码过程实际上是一个数据压缩的过程。此时我们可以用向量 h 来表示手写数字 x。如果在训练过程中只用 0~8 共 9 个数字进行训练，那么程序变为代码清单 10.3。

代码清单 10.3　使用 9 个数字进行训练

```
h = tf.layers.dense(net, 2, activation=None)
y = tf.layers.dense(h, 9, activation=None)
```

此时在预测过程中使用 h 来绘图，但是绘图过程使用的手写数字中包含了 9，其散点图如

图 10.3 所示。

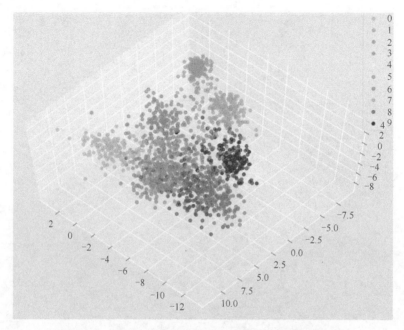

图 10.3　使用 9 个数字（不包含数字 9）训练所得向量

可以看到预测时加入新的数字 9，此时得到的向量与其他手写数字向量区域并不相同。因此我们可以不必重新训练整个网络，仅使用已得到的向量 h 继续训练从而识别数字 9，也就是说，$h = f(x)$ 中的参数都是从其他已训练模型中迁移过来的，因此这个过程称为迁移学习。迁移学习要求原有数据集特征与新数据特征具有一定的重合度，从而使特征学习的部分可以通用。从分布角度来说，原有数据集与新的数据集分布要相近，才能发挥迁移学习的效果，如图 10.4 所示。

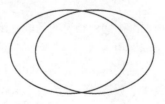

原有数据集特征　　新数据集特征

图 10.4　原有数据与新数据特征集合

否则，使用手写数字训练的模型是无法用于其他物体识别的。这在第 9 章的 CovariateShift 有着类似的含义。迁移学习使我们可以尽可能地利用已有的训练模型。

10.1.1 人脸识别类任务分析

对于人脸识别等任务而言，其类别可能非常多。因此人脸识别任务中将输出修改为 [BATCHSIZE,EmbeddingSize]，设定 EmbeddingSize=128，也就是一个固定长度的向量。分类过程中用不同向量之间的距离来判断输入图像是否属于同一类。这与表示学习类似，我们使用一个向量来表征人脸，这个向量携带了用于人脸分类的信息。

网络最后输出的是一个一维向量，因此从卷积到输出的过程中经历了全连接网络。全连接网络的出现使输入图像的长宽需要固定，这里选择 160、160。根据上面的描述可以很容易地完成网络结构的构建，见代码清单 10.4。

代码清单 10.4 构建网络

```
graph = tf.Graph()
with graph.as_default():
    images_placeholder = tf.placeholder(tf.float32, [None, 160, 160, 3], name=
"input")
    y = build_model(images_palceholder)
```

其中 build_model() 就相当于式 (10.1) 中的函数，在使用距离进行比较之前需要对 y 进行归一化处理，此时所有人脸向量均在多维空间中的球面上，见代码清单 10.5。

代码清单 10.5 归一化向量

```
with graph.as_default():
    vector = tf.nn.l2_normalize(y, 1, 1e-10, name='vector')
```

在建立模型的过程中使用了函数，这个函数可以使用任何合适的卷积神经网络结构。比如 GoogleNet、ResNet 等，也可以自行对网络结构进行改进和优化。在这个过程中一直使用的函数为 with graph.as_default():，这是为了利用人脸识别建立计算图，防止不同计算图之间的冲突。如果系统中有多张计算图，则适合使用该函数。

10.1.2 三元损失函数

对于分类问题而言，较简单的方式是使用交叉熵作为损失函数。这在绝大部分情况下是简单有效的。交叉熵作为损失函数在多分类问题上是比向量的距离更有效的方式。但这里的目标是使两类向量在空间中尽可能地线性可分，也就是以向量距离作为分类依据，因此引入的损失函数为 TripletLoss。

$$||f(x^a) - f(x^p)||_2^2 + \alpha < ||f(x^a) - f(x^n)||_2^2 \rightarrow loss = ||f(x^a) - f(x^p)||_2^2 + \alpha - ||f(x^a) - f(x^n)||_2^2$$

$$(10.3)$$

损失函数计算过程中使用了 3 张图像，其中x^a、x^p是同一类，x^a、x^n是不同类。优化目标就是使损失函数尽可能小，也就是使相同类图像距离尽可能近，不同类间隔尽可能远。从另一角度来说，类别在向量空间中是线性可分的。损失函数见代码清单 10.6。

代码清单 10.6 triplet_loss

```
with graph.as_default():
    with tf.variable_scope('triplet_loss'):
        pos_dist = tf.reduce_sum(tf.square(tf.subtract(anchor, positive)), 1)
        neg_dist = tf.reduce_sum(tf.square(tf.subtract(anchor, negative)), 1)

        loss_all = tf.add(tf.subtract(pos_dist,neg_dist), alpha)
        loss = tf.reduce_mean(tf.maximum(loss_all, 0.0), 0)
```

最后一行代码的含义是，如果 loss_all<0，那么说明对于距离的衡量是合适的，因此损失函数为 0。

10.1.3 使用分类问题训练

虽然并不是一个简单的分类问题，但是我们依然可以使用分类问题的思路去完成。参考前面提到的手写数字的例子。

$$pre = W \cdot y + b$$
$$prob = softmax(pre)$$
$$loss = -label \cdot \log(prob)$$
(10.4)

式 (10.4) 中y是模型的输出。y与一个升维矩阵W相乘之后，可以扩展成一个多分类问题，最终类别为几千维。从另一个角度来看，这属于有监督的数据压缩过程。在训练完成之后可以使用y作为不同人脸的向量。使用这种方式可以加快运算速度。训练完后再使用 TripleLoss 训练会获得更好的结果，见代码清单 10.7。

代码清单 10.7 加入分类层

```
with graph.as_default():
    logits = slim.fully_connected(y, num_class, activation_fn=None
    scope='Logits', reuse=False)
```

10.1.4 CenterLoss

对于分类问题，如果使类间距离尽可能接近，可以提升分类效果。也就是使同一类方差尽可能小，由此提出了 CenterLoss（中心损失函数）的概念，如图 10.5 所示。

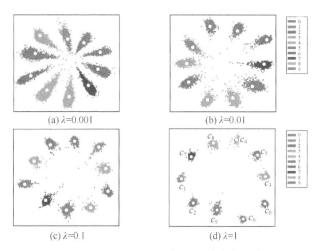

(a) $\lambda=0.001$ (b) $\lambda=0.01$

(c) $\lambda=0.1$ (d) $\lambda=1$

图 10.5　CenterLoss 加入后的分类图像

图 10.5 展示了加入不同的 CenterLoss 比例，类间的分布情况，见代码清单 10.8。

代码清单 10.8　CenterLoss 代码

```
# 获取向量长度
n_features = h.get_shape()[1]
# 定义不同类别中心
centers = tf.get_variable(
        'centers',
        [n_classes, n_features],
        dtype=tf.float32,
        initializer=tf.constant_initializer(0),
        trainable=False # 中心参数不可训练
)
# 获取每个 batch 内的中心位置
index = tf.reshape(target_int, [-1])
centers_batch = tf.gather(centers, index)
# 更新类中心位置
diff = 0.05 * (centers_batch - h)
centers = tf.scatter_sub(centers, label, diff)
# 计算方差作为 loss
loss_center = tf.reduce_mean(tf.square(h - centers_batch))
loss = loss + loss_center * 0.5
```

交差熵+中心损失函数可以达到三元损失函数相近的效果，但训练速度更快。

10.1.5　结果

这里选择了相同和不同的人脸进行数据统计，将两个结果绘制成统计图，如图 10.6 所示，网络模型为 Inception-ResNet。

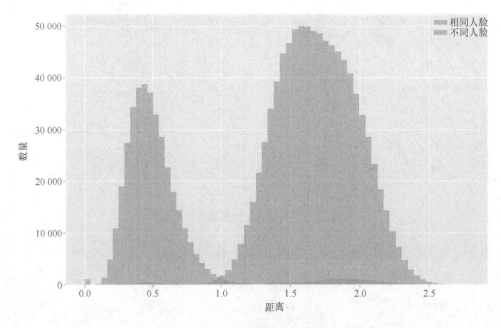

图 10.6　人脸向量距离统计图像

可以看到，相同人脸和不同人脸距离出现了较大程度的区别，但是依然有一部分重叠区域。这是无法避免的，可以根据具体场景决定接受和拒绝域。

10.2　任意大小图像处理

10.1 节中所处理的图像都是固定大小的，这适合于图像的精细处理。但实际中的图像通常是任意大小的，这需要我们的网络具备处理任意大小图像的能力。这需要一个滑动窗口，在图像上进行穷举处理，这就是纯卷积结构。

10.2.1　纯卷积结构

在最早的卷积神经网络中，最终的输出需要全局的信息，应当在卷积层之后融入全连接层。全连接层中的矩阵参数数据量是固定的，因此其无法处理任意大小的图像。这需要网络结构在图像上进行滑动，这称为滑动窗口（Sliding window）法，机器学习中的卷积本身就是滑动窗口法。因此对于任意大小的图像可以使用纯卷积结构完成处理，如图 10.7 所示。

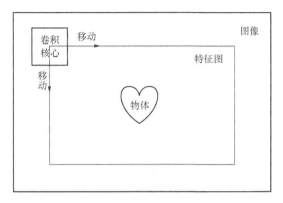

图 10.7 卷积结构处理任意大小图像

纯卷积结构可以处理任意大小的图像，而输出特征图就是对于图像本身特征的提取。感受野在这里是很重要的概念。纯卷积结构所输出的特征图上的每一个点都携带了相应位置上感受野范围内的图像特征。纯卷积结构可以是多层的，这里我们以一层纯卷积结构来完成手写数字识别任务，见代码清单 10.9。

代码清单 10.9　纯卷积结构手写数字识别

```
with tf.variable_scope("input"):
    x = tf.placeholder(tf.float32, [None,None,None,1], name="input_x")
    label = tf.placeholder(tf.float32, [None, 10], name="input_label")
with tf.variable_scope("model"):
    # 纯卷积结构
    y_ = tf.layers.conv2d(x, 10, 28, activation=tf.nn.relu, padding="VALID")
    y = tf.squeeze(y_)
    # 加入 batchnorm 层，增加迭代速度
with tf.variable_scope("valid"):
    correct_prediction = tf.equal(tf.argmax(y, 1), tf.argmax(label, 1))
    accuracy = tf.reduce_mean(tf.cast(correct_prediction, tf.float32))
with tf.variable_scope("loss"):
    # 定义 loss 函数
    ce=tf.reduce_sum(-label*tf.nn.softmax(y), 1)
    loss = tf.reduce_mean(ce)
```

注意一个问题，就是此时卷积核心大小选择为 28 可能并不合适，更好的方式是在卷积核心取小的同时建立多层卷积网络。但结构本身仍然适合于学习：卷积网络最终的预测精度为 92%，与单层全连接网络相同。实际上本网络就是一个单层全连接网络的不同形式而已，此时特征图 y_ 中每个元素均携带了所有像素的信息。但改成纯卷积网络之后在处理图像问题时就可以处理任意大小的图像了，代码中给定 x 的维度为[None, None, None,1]，也就是图像的长宽是未知的。此时我们给定一张 28×56 大小的手写数字图像,在前面 28 像素×28 像素位置放置手写数字图像,

再输入网络中进行识别，如图 10.8 所示。

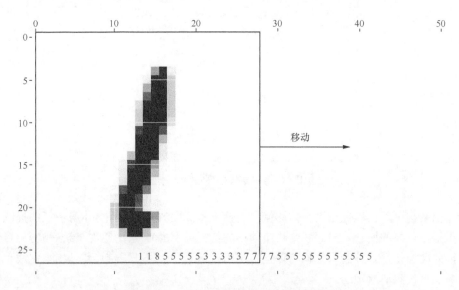

图 10.8　任意大小图像输入卷积网络之中

所得特征图大小为[1,1, 29, 10]，此时特征图与原图位置是对应的，因此[0,0, 0,:]对应原始图像[0,0,0:28,:]，这是感受野所决定的，在特征图维度上其代表了感受野范围内的图像是什么数字（因为损失函数），因此第一个位置上的数字是 1。这里有一个小问题，就是数字随着移动发生了变化，1 到 8、5 的变化是因为在进行训练的过程中并未对图像进行平移变换，而且未加入非数字标签，在读者自行训练时应当考虑数据集的完备性，并对图像进行平移和拉伸变换以增强网络的泛化能力。但本例中已经可以说明纯卷积结构是可以处理任意大小图像的。在使用纯卷积结构识别图像后我们可以将图像进行裁切以进行更复杂的后续处理。

10.2.2　图像处理任务中的分类与回归问题

在对任意大小的图像进行处理的过程中有两个问题需要解决，第一是在感受野范围内图像是什么，第二是感受野范围内的物体位置。因此最终输出特征图需要具备两种信息，第一种用于分类问题，第二种用于回归问题，如图 10.9 所示。

人脸检测问题就是一个典型的分类加回归问题。

人脸识别的步骤

人脸检测（Face Detection）：检测一张图像中人脸的位置。其需要具有处理任意大小图像的能力。

人脸对齐（Face Aliment）：对于检测到的人脸图像通过眼、嘴、鼻子等信息将人脸放正。

人脸识别（Face Recognise）：识别图像中人脸的身份信息。

在人脸识别过程中 3 个部分是分别进行的，首先要从图像中检测到人脸并将其裁切成固定大小，之后再对固定大小的人脸进行身份识别。每一步都是一个机器学习模型，也是一个直接从任意大小图像识别人脸身份的模型。很多机器学习问题看似无解，实际上是对任务划分不甚详细而已。本书将识别过程放到第一节是因为思想具有一定的延续性，而非模型本身简单。

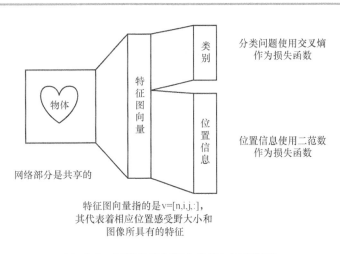

图 10.9　图像分类问题中分类与回归问题

为完成人脸检测，可以建立一个简单的多层神经网络完成任务，见代码清单 10.10。

代码清单 10.10　人脸检测（低精度）网络

```
net = tf.layers.conv2d(
    inputs, 10, 3,
    strides=1, activation=tf.nn.relu)
net = tf.layers.max_pooling2d(net, 2, 2)
net = tf.layers.conv2d(
    net, 16, 3,
    strides=1, activation=tf.nn.relu)
net = tf.layers.conv2d(
    net, 32, 3,
    strides=1, activation=tf.nn.relu)
# 检测是否是人脸
# 在训练过程中 net 维度为[BATCHSIZE, 1, 1, 32]
# 在训练过程中 logit_pred 维度为[BATCHSIZE, 1, 1, 2]
# logit_pred 代表为是否是人脸
logit_pred = tf.layers.conv2d(
```

```
    net, 2, 1,
    strides=1, activation=tf.nn.softmax)
# 在训练过程中 box_pred 维度为[BATCHSIZE, 1, 1, 4]
# 其代表边框位置
box_pred = tf.layers.conv2d(
    net, 4, 1,
    strides=1, activation=None)
```

可以看到在训练过程中，输入的图像为固定的 12×12，但建立的网络结构本身为纯卷积结构。这里有一个地方需要注意，在分类和回归问题中均使用了 kernel_size=1 的卷积（称为逐点卷积），实际上这相当于在特征维度上进行的全连接（用于不同任务），在分类问题中需要加入 Softmax，而边框回归问题则不需要加入激活函数。在训练完成后可以输入任意大小的图像进行处理。

> 这里有一个问题需要强调，训练和预测过程是不同的。
>
> 训练过程：建立纯卷积结构，输入固定大小的图像。
>
> 预测过程：使用纯卷积结构，识别任意大小的图像。
>
> 因此在训练过程中我们应当将最终输出看作一个像素的图像。而预测过程中生成的特征图与原图是有位置对应关系的，因此我们可以称卷积神经网络保留了位置信息。

对于整形数字给定的分类标签，使用不同的整形数字代表不同的类别，计算损失函数如下。

$$loss = \sum_i -d_i^{one-hot} \log(y_i) = -\log(y_{label}) \tag{10.5}$$

式 (10.5) 中，d 是 one-hot 类型的标签向量，$label$ 是用整形数字给定的标签，因此我们只需找到神经网络输出 y 中的相应位置即可形成损失函数，损失函数的书写见代码清单 10.11。

代码清单 10.11　整形数字给定 label

```
num_logit = tf.size(logit)
logit_reshape = tf.reshape(logit,[num_logit,-1])
num_row = tf.to_int32(logit.get_shape()[0])
row = tf.range(num_row)*logit.get_shape()[1]
indices_ = row + label_int
label_none_zero = tf.squeeze(tf.gather(logit_reshape, indices_))
loss = tf.reduce_sum(-tf.log(label_none_zero+1e-10))
```

通过这种方式计算损失函数比使用 one-hot 标签的计算过程更快，尤其是对多分类问题而言。

10.2.3　预测过程

在预测过程中遇到的第一个问题就是卷积的感受野与图像特征并不匹配，如图 10.10 所示。

图 10.10　图像金字塔（虚线为感受野）

这里将原图按比例缩减为不同大小，那么在缩减的图像上特征应当有符合感受野大小的图像，从而进行识别。这是在使用纯卷积结构预测的过程中需要对图像进行的处理。同时在预测过程中，所得的边框（Box）并不唯一。这一方面是由于建立图像金字塔的原因，另一方面是由于在移动过程中物体微小平移依然会得到边框，因此最终得到的边框会非常多，如图 10.11 所示。

图 10.11　多个物体边框和非极大值抑制

此时为了对边框进行缩减，使用了非极大值抑制（Non Maximum Suppression，NMS）算法对所得边框进行筛选，见代码清单 10.12。

代码清单 10.12　非极大值抑制算法

```python
import numpy as np
def nms(box, thresh, mode="Union"):
    """
    非极大值抑制（NMS），用于对检测边框（box）进行筛选
    参数说明
    box:边框位置和置信度
        其向量为[x1,x2,y1,y2,score]
        代表左上和右下点坐标以及置信度
    thresh:保留置信区间以下的box
    返回值: 所有保留边框
    """
    # 获取所有边框位置的坐标
    x1 = box[:, 0]
    y1 = box[:, 1]
```

```
        x2 = box[:, 2]
        y2 = box[:, 3]
        # 获取边框置信度
        scores = box[:, 4]
        # 计算边框面积
        areas = (x2 - x1 + 1) * (y2 - y1 + 1)
        # 通过置信度对边框位置索引进行排序，从大到小
        order = scores.argsort()[::-1]
        # 设置需要保留的边框列表
        keep = []
        while order.size > 0:
            # 循环选择余下的边框，对具有最大置信度的边框进行保留，并与其他边框计算面积
            i = order[0]
            keep.append(i)
            xx1 = np.maximum(x1[i], x1[order[1:]])
            yy1 = np.maximum(y1[i], y1[order[1:]])
            xx2 = np.minimum(x2[i], x2[order[1:]])
            yy2 = np.minimum(y2[i], y2[order[1:]])
            # 计算本边框和其他边框重叠的面积
            w = np.maximum(0.0, xx2 - xx1 + 1)
            h = np.maximum(0.0, yy2 - yy1 + 1)
            inter = w * h
            # 计算本边框和其他边框重叠的比例
            if mode == "Union":
                # Union 方式计算两个边框所占面积，适合于矩形大小变化较大的情况
                ovr = inter / (areas[i] + areas[order[1:]] - inter)
            elif mode == "Minimum":
                # 以两个矩形最小面积作归一化
                ovr = inter / np.minimum(areas[i], areas[order[1:]])
            # 保留余下的，重叠面积小于阈值的边框
            inds = np.where(ovr <= thresh)[0]
            order = order[inds + 1]
    return keep
```

这里有一个比较重要的概念就是 Jaccard 系数（Jaccard Index）。Jaccard 系数又称为交并比（Intersection over Union，IoU），是衡量两个边框或集合重叠度的指标，如图 10.12 所示。

$$J(A, B) = \frac{|A \cap B|}{|A \cup B|} \tag{10.6}$$

至此对于物体的识别就可以完成了。当然，为了更快的计算，在建立纯卷积结构的过程中并未设置过于复杂的模型，如果对精度有要求，则可以使用纯卷积结构所截的图像进行更精细的处理。这是多任务卷积神经网络（MTCNN）进行人脸识别的思想，如图 10.13 所示。

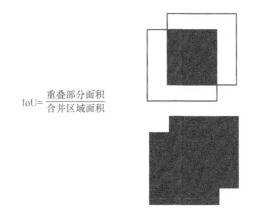

$$IoU = \frac{\text{重叠部分面积}}{\text{合并区域面积}}$$

图 10.12　IoU 图示

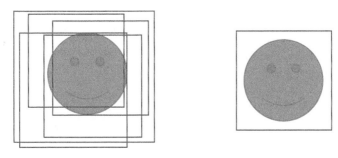

图 10.13　卷积结构（左）与后续精细处理（右）

可以看到，在纯卷积结构之上可以进行更精细的处理以更好地完成识别任务。当然这个过程也可以借由纯卷积网络完成，但是在计算效率上可能会有所欠缺。

10.3　物体检测问题

本节所讲的"物体检测问题"，从思路上来讲更加类似于是在 10.2 节基础上所做的改进，因此将其放到本章，作为实例完成物体检测任务。在使用纯卷积神经网络进行物体检测的过程中，由于纯卷积结构相比于卷积和全连接结构在实际计算代价上并无区别，因此其仍然是相对低效的，这就产生了高效寻找候选框的算法。算法本身是对无监督学习中层次聚类的延伸，在此之上建立了 RCNN 类物体检测算法。

10.3.1　RCNN 类物体检测算法

RCNN 类算法的思路是使用简单算法来计算候选框，并将候选框内的图像输入神经网络中进行类别判断，因此算法本身并不是纯深度学习模型，而是多个机器学习模型的融合。

1. 图像分割与候选子图

在进行图像识别的过程中，第一个需要面对的问题就是图像分割。这是一种类似于无监督的自底向上层次聚类的过程。目的是对相似的像素点进行合并，最终合并成分割图像。那么在进行聚类处理的过程中，需要做的就是以图像中的像素点为顶点（Vertices），以相邻像素连线为边（E）建立无向图。

$$G = (V, E) \tag{10.7}$$

在进行图像分割的过程中，需要先定义区域。区域 C 是由一系列连续的数据点所构成的（$C \subseteq V$）。那么定义区域内最小生成树的最大权值为区域内部的差异度。

$$\text{Int}(C) = \max_{e \in MST(C,E)} w(e) \tag{10.8}$$

将两个区域 C_1 和 C_2 的差异度定义为连接两个区域边的最小值。

$$\text{Dif}(C_1, C_2) = \min_{v_i \in C_1, v_j \in C_2, (v_i, v_j) \in E} w((v_i, v_j)) \tag{10.9}$$

如果两个区域没有边连接，则将两个区域的差异度定义为无穷大 $\text{Dif}(C_1, C_2) = +\infty$。在有了相似度的定义以后就可以对两个区域是否合并进行判断。

$$D(C_1, C_2) = \begin{cases} true \text{ if } \text{Dif}(C_1, C_2) > \text{MInt}(C_1, C_2) \\ flase \text{ otherwise} \end{cases} \tag{10.10}$$

$$\text{MInt}(C_1, C_2) = \min(\text{Int}(C_1) + \tau(C_1), \text{Int}(C_2) + \tau(C_2)) \tag{10.11}$$

$$\tau(C) = k/|C|$$

这里 $|C|$ 是 C 的大小，k 是自定义常量，因此判断合并过程可以理解为，如果两个集合间的相似度大于集合内的相似度，则不进行合并；否则进行合并。这里不再对无向图和最小生成树（MSE）进行更具体的解释，希望了解的读者可参考算法图书。整个迭代过程如下。

图像分割算法

输入无向图 G=(V,E)，其有 n 个顶点和 m 条边，输出是对于顶点 V 的分割 $S = (C_1, \cdots, C_r)$

对 E 从大到小进行排列：$\pi = (o_1, \cdots, o_m)$。

迭代过程为从 S^{q-1} 到 S^q 的过程，$q=1,2,\cdots,m$:

假设 v_i, v_j 是连接第 q 条边的顶点 $o_q = (v_i, v_j)$

如果 v_i, v_j 属于 S^{q-1} 中的两个区域 C_i^{q-1}, C_j^{q-1}

并且 $w(o_q)$ 小于两个区域的内部相似度 $(\text{MInt}(C_i, C_j))$

则对两个区域进行合并，否则不进行操作。

返回 S^q

最终结果为 S^m

可以看到整个算法是对所有边的遍历，而计算复杂度是 $O(n)$，因此可以快速地完成图像分割任务。图像分割结果如图 10.14 所示。

图 10.14 用图的图像分割算法（图像来源于算法论文）

由此我们使用一种简单的算法完成了图像分割任务，接下来就是对分割图像进行合并并生成候选框。这个过程也是迭代过程。

产生候选区域算法

获取图像分割过程所获取的候选区域 $C = \{C_1, \cdots, C_n\}$

对每个临接区域 $s_q = s(C_i, C_j)$ 计算相似度，形成相似度集合 S

循环：当 S 不为空时

        获取 S 中最大相似度区域 C_i, C_j

        合并区域 C_i, C_j 产生新的 C_t

        S 中删除两个区域以及临接区域的相似度

        计算新区域 C_t 与其邻接区域的相似度

        将所得结果加入 S

对最终合并区域 C 形成物体候选框

在计算相似度的过程中可以考虑多种因素，比如颜色、纹理和大小等。选择颜色相近可以对颜色直方图进行比较，而纹理则可以选择梯度直方图进行比较。此时可以直接对候选图像进行分类从而进行物体识别。这个过程称为选择性搜索（Selective Search）。但为了更精确地识别物体，这里采用神经网络。

2. 神经网络对候选图进行识别

在完成候选区域选择后就可以输入多层神经网络进行后续的处理，就是去掉分类网络训练结果的最后几层分类，并保留网络的前几层。此时中间层卷积可以看成是对于图像特征的提取过程。思想来源于迁移学习过程。在进行分类的过程中将固定大小的图像输入网络之中，将所得向量输入支持向量机（SVM）中进行分类。由于神经网络在训练过程中对于图像分类的约束非常强，因此很多图像可以被识别成相应的类别，使用其他分类算法可以更精确地确定目标。这里将选择的卷积神经网络模型称为基础模型。基础模型可以使用 Alexnet 或 VGGNet，但是 Alexnet 在使用过程中卷积核心较大，不太符合现在较小卷积核心的网络设计逻辑。因此 VGGNet 网络的精度更高。读者可以自行搭建，这里需要注意，基础模型也可以用于人脸识别，只是损失函数和样本不同而已。VGGNet 参考代码清单 10.13。

代码清单 10.13　VGGNet 网络

```python
def VGG16(inputs, n_features=1000):
    """
    用于 VGG16 网络示例
    网络中 KernelSize 均为 3
    输入 inputs:224×224 彩色图像
        n_features:输出向量长度
    输出 n_features 长度向量
    """
    def block(net, n_conv, nf):
        """
        VGGNet 单元是类似的
        均是卷积*n+池化
        因此在此将其写为函数
        """
        for itr in range(n_conv):
            net = tf.layers.conv2d(
                net,
                nf,
                3,
                activation=tf.nn.relu)
        net = tf.layers.max_pooling2d(net, 2, 2)
        return net
    # 第一个单元包含两个卷积、一个池化
    net = block(inputs, 2, 64)
    # 第二个单元包含两个卷积、一个池化
    net = block(net, 2, 128)
    # 第三个单元包含两个卷积、一个池化
    net = block(inputs, 2, 256)
    # 第四个单元包含 3 个卷积、一个池化
    net = block(inputs, 3, 512)
    # 第五个单元包含 3 个卷积、一个池化
    net = block(inputs, 3, 512)
    # 包含 3 个全连接层
    net = tf.layers.dense(net, 4096, activation=tf.nn.relu)
    net = tf.layers.dense(net, 4096, activation=tf.nn.relu)
```

```
net = tf.layers.dense(net, n_features, activation=None)
return net
```

基础模型训练过程是分步的。首先对网络进行有监督的预训练，训练数据可以使用 LLSVRC2012 分类数据集，在训练过程中使用整张图像进行标注，这里不包含边框信息。预训练过程中卷积层学习图像特征，一般认为低层卷积学习高频通用特征，而高层卷积学习低频分类特征。之后对于训练好的模型进行调优，这类似于迁移学习，可以直接将原始网络最后一层的类别输出层替换为（类别+背景）层用于新的分类，卷积层部分保持不变。样本交并比（IoU）大于 50%被认为是正样本。训练过程中可以使用一个较小的学习率预热，之后使用正常的学习率。将所得向量输入支持向量机中进行检测。得到候选框后依然需要非极大值抑制处理。这里需要注意的是，几个过程所用的图像是不同的，在模型调优的过程中将 IoU 大于 50%的样本当作正样本进行处理，而在训练支持向量机的过程中则将精确标注位置数据作为正样本，重合度小于 30%的作为负样本。因此精度是递进的。整个识别过程如图 10.15 所示。

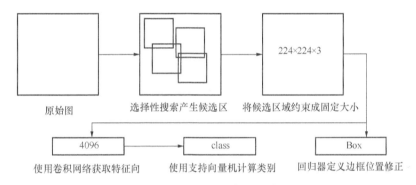

图 10.15　CNN 物体检测过程

在进行物体检测后还应对边框位置进行精调。需要一个回归器来完成任务，因为候选框所得位置与真实图像之间可能存在差距，如图 10.16 所示。

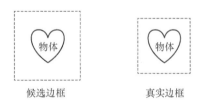

图 10.16　实边框与候选边框差别

候选边框位置坐标 $P = (p_x, p_y, p_w, p_h)$ 代表中心点位置与矩形长宽。与真实边框 $G = (g_x, g_y, g_w, g_h)$ 之间可以有线性变换 $d_x(P)$、$d_y(P)$、$d_w(P)$、$d_h(P)$，其中前两个是对中心的变换，后两个是尺度变换。

$$g_x = p_w d_x + p_x$$
$$g_y = p_h d_y + p_y$$
$$g_w = p_w \exp(d_w)$$
$$g_h = p_h \exp(d_h)$$

(10.12)

这里d的函数是在卷积网络第五个池化层输出的基础上建立的线性回归模型。一般认为池化层携带了物体的信息,通过修正后会使精度提升 3～4 个百分点。

3. 改进的 Fast RCNN 与 Faster RCNN

在计算图像的过程中我们发现,实际上选择候选框的过程中会有很大程度的重合,这种重合会使 RCNN 卷积特征计算有冗余,于是 Fast RCNN 对特征提取过程进行改进,使图像共享特征提取过程只需输入一次图像即可。候选区域映射到特征图之上执行 RoI 池化,这使池化后的特征长度固定。Faster RCNN 在此基础之上计算候选区域。计算过程如图 10.17 所示。

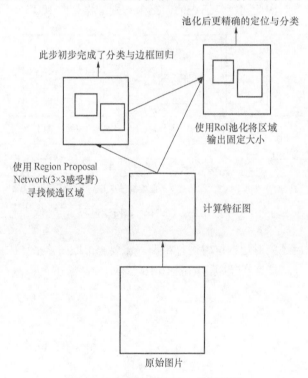

图 10.17　Faster RCNN 处理过程

这里 RoI 池化的目的在于将不同大小的输入变为固定大小输出的池化层。其池化核心大小是动态调整的,这类似于图像的重采样过程。由此 Faster RCNN 比 RCNN 改进了图像选择的过程,从而使计算时间显著减少。这里有一个概念——锚点(Anchor),锚点代表了计算特征图所对应的原始图像位置,多数情况下给定 9 种,也就是 3 种大小和 3 种长宽比。在给定训练样本时需要指定每个锚点所对应的类别与位置，如图 10.18 所示。

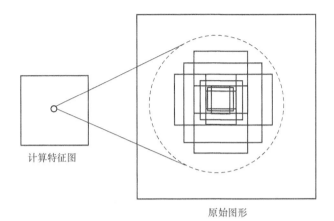

计算特征图

原始图形

图 10.18　特征图上点所对应的锚点

给定锚点后计算相对位置，之后再进行边框缩减即可。RCNN 类方法对数据处理以及多模型融合能力要求很高。而在此之上产生的需求为使用卷积网络本身完成端到端的输出。

10.3.2　Yolo 类物体检测方法

Yolo 物体检测方法直接使用神经网络来完成分类任务，从而完成端到端的输出任务。Yolo-V1 的代码结构依然来自于 VGGNet，见代码清单 10.14。

代码清单 10.14　Yolo-v1 网络结构

```
self.graph = tf.Graph()
with self.graph.as_default():
    self.inputs = tf.placeholder(tf.float32, [None, 448, 448, 3])
    net = VGGNet(self.inputs)
    net = tf.layers.dense(net, 1470, activation=None)
    self.output = tf.reshape(net, [-1, 7, 7, 30])
```

Yolo 网络纯卷积结构最后一层输出的维度为[7*7*30]，为了考虑全局信息。此时这里 30 维度代表的信息为（边框位置 4 个点，此处是否有物体和准确度）* 检测两个物体+20 个类别信息=30。通常认为最后的形状就代表着将原图划分为 7 个网格点，判断类别为网格中心所处的类别。实际上体现图像 7 个网格划分的是卷积层最后输出的 7 个像素的特征图。损失函数需要计算每个网格中的位置和置信度等信息，见代码清单 10.15。

代码清单 10.15　单个物体的置信度

```
def iou(self, pred_boxes, true_boxes):
```

```
"""
计算真实边框与预测边框间的 IoU
参数 pred_box 为预测边框位置[样本数，特征图高，特征图宽，边框参数]
参数 true_box 为真实边框位置
边框参数为[边框中心 x, 边框中心 y, 边框宽度，边框高度]
"""
boxes1 = tf.pack([
    pred_boxes[:, :, :, 0] - pred_boxes[:, :, :, 2] / 2,
    pred_boxes[:, :, :, 1] - pred_boxes[:, :, :, 3] / 2,
    pred_boxes[:, :, :, 0] + pred_boxes[:, :, :, 2] / 2,
    pred_boxes[:, :, :, 1] + pred_boxes[:, :, :, 3] / 2])
boxes1 = tf.transpose(boxes1, [1, 2, 3, 0])
boxes2 = tf.pack([
    true_boxes[0] - true_boxes[2] / 2,
    true_boxes[1] - true_boxes[3] / 2,
    true_boxes[0] + true_boxes[2] / 2,
    true_boxes[1] + true_boxes[3] / 2])

# 计算边框最左侧点
lu = tf.maximum(boxes1[:, :, :, 0:2], boxes2[0:2])
# 计算边框最右侧点
rd = tf.minimum(boxes1[:, :, :, 2:], boxes2[2:])

#计算交叠部分长宽
intersection = rd - lu
#计算交叉面积
inter_area = intersection[:, :, :, 0] * intersection[:, :, :, 1]
#输出交叉面积大于 0 的区域
mask = tf.cast(intersection[:, :, :, 0] > 0, tf.float32) * tf.cast(intersection
[:, :, :, 1] > 0, tf.float32)
inter_area = mask * inter_area
area1 = (boxes1[:, :, :, 2] - boxes1[:, :, :, 0]) * (boxes1[:, :, :, 3] - boxes1
[:, :, :, 1])
area2= (boxes2[2] - boxes2[0]) * (boxes2[3] - boxes2[1])
# 返回 IoU
return inter_area/(area1 + area2 - inter_area + 1e-6)
def loss_per_sample_per_object(self, predict, labels):
    """
    对每个样本的每个物体计算 loss
    参数 predict 为网络输出
    参数 labels 为标签
    labels 为[边框中心 x, 边框中心 y, 边框宽度，边框高度，类别]
    """
```

```
#计算物体图像所覆盖的网格
min_x = tf.floor((label[0] - label[2] / 2) / (448 / 7))
max_x = tf.floor((label[0] + label[2] / 2) / (448 / 7))
min_y = tf.ceil((label[1] - label[3] / 2) / (448 / 7))
max_y = tf.ceil((label[1] + label[3] / 2) / (448 / 7))

# 计算物体所覆盖特征图的位置
temp = tf.cast(tf.stack([max_y - min_y, max_x - min_x]), dtype=tf.int32)
objects = tf.ones(temp, tf.float32)
# 计算物体未覆盖特征图的位置
temp = tf.cast(tf.stack([min_y, 7 - max_y, min_x, 7 - max_x]), tf.int32)
temp = tf.reshape(temp, (2, 2))
# 将物体覆盖网格设为1，其余位置设置为0。用于后续计算
objects = tf.pad(objects, temp, "CONSTANT")

# 计算物体中心所属网格
center_x = tf.floor(label[0] / (448 / 7))
center_y = tf.floor(label[1] / (448 / 7))
response = tf.ones([1, 1], tf.float32)
temp = tf.cast(tf.stack([center_y, 7 - center_y - 1, center_x, 7 -center_x - 1]),
tf.int32)
temp = tf.reshape(temp, (2, 2))
# 将物体中心所属网格设置为1，其余为0。用于后续计算
response = tf.pad(response, temp, "CONSTANT")

predict_boxes = predict[:, :, 20 + 2:]


predict_boxes = tf.reshape(predict_boxes, [7, 7, 2, 4])
# 预测边框位置的相对位置，需要转换为绝对位置
predict_boxes = predict_boxes * [448 / 7, 448 / 7, 448, 448]

base_boxes = np.zeros([7, 7, 4])

for y in range(7):
  for x in range(7):
    base_boxes[y, x, :] = [448 / 7 * x, 448 / 7 * y, 0, 0]
base_boxes = tf.constant(np.tile(np.resize(base_boxes, [7, 7, 1, 4]), [1, 1, 2,
1]))
# 将相对位置转换为绝对位置
predict_boxes = base_boxes + predict_boxes
# 计算 IoU
iou_predict_truth = self.iou(predict_boxes, label[0:4])
# 只计算中心点
C = iou_predict_truth * tf.reshape(response, [7, 7, 1])
```

```
I = iou_predict_truth * tf.reshape(response, (7, 7, 1))
max_I = tf.reduce_max(I, 2, keep_dims=True)
I = tf.cast((I >= max_I), tf.float32) * tf.reshape(response, (7, 7, 1))
# 计算 IoU 较大的物体位置
no_I = tf.ones_like(I, dtype=tf.float32) - I

p_C = predict[:, :, 20:20 + 2]

#真实的物体 x,y,sqrt_w,sqrt_h
x = label[0]
y = label[1]
sqrt_w = tf.sqrt(tf.abs(label[2]))
sqrt_h = tf.sqrt(tf.abs(label[3]))

#预测位置信息
p_x = predict_boxes[:, :, :, 0]
p_y = predict_boxes[:, :, :, 1]

p_sqrt_w = tf.sqrt(tf.minimum(448 * 1.0, tf.maximum(0.0, predict_boxes[:, :, :,
2])))
p_sqrt_h = tf.sqrt(tf.minimum(448 * 1.0, tf.maximum(0.0, predict_boxes[:, :, :,
3])))
#onehot 转换
P = tf.one_hot(tf.cast(label[4], tf.int32), 20, dtype=tf.float32)
p_P = predict[:, :, 0:20]
# 计算分类误差（可以使用交差熵，这里使用二范数）
class_loss = tf.nn.l2_loss(tf.reshape(objects, (7, 7, 1)) * (p_P - P))

# 交并比得分误差
object_loss = tf.nn.l2_loss(I * (p_C - C))

# 其他无物体误差尽量较小
noobject_loss = tf.nn.l2_loss(no_I * (p_C))

# 位置信息误差
coord_loss = (tf.nn.l2_loss(I * (p_x - x)/(448/7)) +
              tf.nn.l2_loss(I * (p_y - y)/(448/7)) +
              tf.nn.l2_loss(I * (p_sqrt_w - sqrt_w))/ 448 +
              tf.nn.l2_loss(I * (p_sqrt_h - sqrt_h))/448)
```

由于整个 Yolo 网络用于多个物体识别，因此需要分别计算每个物体的情况。检测结果如图 10.19 所示。

图 10.19 Yolo 进行物体检测（原始图像来源于新闻）

由此 Yolo 用于物体检测的任务完成。

10.4 小结

本章以分类问题作为基础讲述了一个关于深度学习的复杂问题，复杂性体现于网络本身的复杂性。而其设计思路并未脱离前面所提及的优化方式。有了深度网络之后，形成 loss 函数则可以直接完成优化过程。这其中难以理解的部分可能在于三元损失函数的构建等。希望读者能理解三元损失函数以及多种物体检测模型。

第 11 章
自然语言处理

本章将对深度学习中的处理自然语言任务进行说明，所用网络结构为循环神经网络。循环网络本身就适合处理自然语言。同时读者应当知道卷积神经网络依然可以完成自然语言处理任务，但本章主要目的在于帮助读者学习循环神经网络以及其高层次的结构。本章包括 3 个方面。

（1）语音识别任务。

（2）自然语言翻译任务。

（3）语音生成任务。

这 3 个方面的任务依然有递进关系，对于文本处理而言，最大的问题是输入序列与输出序列并不等长，这是所有文本处理中都会遇到的问题，因此网络本身应当具备能处理任意长度文本的能力。这其中第一个思路就是语音识别中将标签与输出进行对齐，另一个思路在于直接处理不等长文本，这需要使用编码—解码结构。

学习过程中希望读者关注 3 个部分。

（1）序列对齐问题。

（2）编码—解码结构的使用。

（3）Attention 机制的使用。

序列对齐问题是整个文本处理的难点，对于初学者来讲，更多的困惑在于文本的向量化，这方面内容在循环神经网络基础部分已经进行了详细的说明。Attention 机制使编码—解码结构真正达到了可用的程度。

11.1　语音识别任务

语音识别任务，从根本上来讲是不定长序列比对的问题，这可以用编码—解码结构完成，但编码—解码结构需要的计算量非常大，这里考虑使用单一循环神经网络结构完成识别任务。在语音识别过程中，本身很难进行“端到端”的输出，这是因为语音信号本身采样率非常高，以 32kHz 为例，代表这每分钟有 32 000 个数据点。如果使用卷积网络对特征进行提取，则所需的计算量非常大，需要对语音进行特征提取。常用的特征为梅尔频率倒谱系数（MFCC）。

11.1.1 语音信号特征

语音信号特征是基于频谱特征的，如果希望完全理解特征提取过程，读者可以参考信号处理的相关文献，这里仅对大致过程进行说明。原始语音信号如图 11.1 所示。

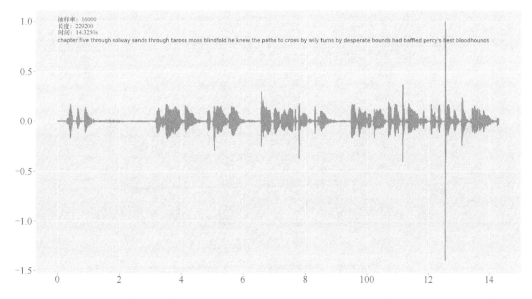

图 11.1　原始语音信号

原始语音信号是整型数字，这里将整型数字转化为浮点型数字。之后对信号进行短时傅里叶变换（STFT），短时傅里叶变换与卷积网络类似，实际上也是在原始信号上进行窗口滑动，对窗口内的信号进行傅里叶变换，从而将信号变为二维频谱图，几乎所有的信号处理库都会有短时傅里叶变换函数。Python 中为"scipy.signal.stft"。短时傅里叶变换选择的窗口大小是与语音特性相关的，人在说话时频率是随着时间不断变化的，而窗口需要选择尽可能小，以使窗口内的信号保持平稳，其代表了人说话时频谱变化的情况，如图 11.2 所示。

由图可以看到，人在说一个词的过程中频率是在缓慢变化的，此时类似于指纹，代表了每个词的特征。同时人的发音都集中于低频区，高频区缺乏有用特征。人耳对于频率感受并非是线性的，而是对于低频区比较敏感。举例来讲，我们感受到声音频率增加了一倍，实际上的频率可能增加了一倍多。因此需要对信号频谱进一步提取符合人感受的特征，这就是梅尔滤波器，如图 11.3 所示。

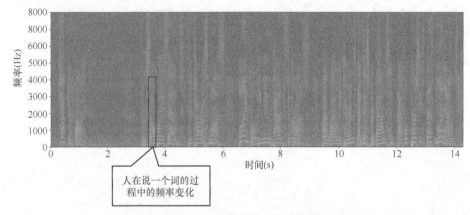

图 11.2　对上面信号进行短时傅里叶变换

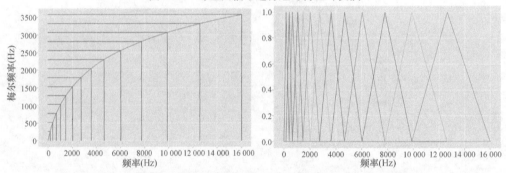

图 11.3　梅尔频率与傅里叶频率映射（左）形成的梅尔滤波器（右）

　　这里需要做的就是，按照梅尔滤波器的结果将每个三角滤波器进行加权求和，这个特征被认为是符合人的听觉感受的。最后对得到的滤波向量进行离散余弦变换（DCT）就得到了梅尔频率倒谱系数，这个过程使用 TensorFlow 完成，见代码清单 11.1。

代码清单 11.1　MFCC 特征提取

```
import tensorflow as tf
# 输入
signals = tf.placeholder(tf.float32, [None, None])
# 短时傅里叶变换
stfts = tf.signal.stft(
    signals, # 输入信号
    frame_length=1024, # 每一帧长度
    frame_step=256, # 帧步长，每一帧有75%的重叠
    fft_length=1024) # 傅里叶变换长度
# 转换为振幅
magnitude_spectrograms = tf.abs(stfts)

# 取 log
```

```
log_offset = 1e-6
log_magnitude_spectrograms = tf.log(magnitude_spectrograms + log_offset)

# 设计梅尔滤波器
num_spectrogram_bins = magnitude_spectrograms.shape[-1].value
lower_edge_hertz, upper_edge_hertz, num_mel_bins = 80.0, 7600.0, 64
linear_to_mel_weight_matrix = tf.signal.linear_to_mel_weight_matrix(
  num_mel_bins, # 梅尔滤波器个数
  num_spectrogram_bins, #频谱采样点个数
  sample_rate, # 采样率
  lower_edge_hertz,
  upper_edge_hertz)
print(linear_to_mel_weight_matrix.get_shape())
# 得到滤波后结果, matmul 仅适用于二维矩阵
mel_spectrograms = tf.tensordot(
  magnitude_spectrograms,
  linear_to_mel_weight_matrix, 1)
print(magnitude_spectrograms.get_shape())
# 转化矩阵形状
mel_spectrograms.set_shape(magnitude_spectrograms.shape[:-1].concatenate(
  linear_to_mel_weight_matrix.shape[-1:]))

# 取 log
log_offset = 1e-6
log_mel_spectrograms = tf.log(mel_spectrograms + log_offset)

# 计算 MFCC
num_mfccs = 13

# 对滤波后的结果进行 DCT 变换得到 MFCC
mfccs = tf.signal.mfccs_from_log_mel_spectrograms(
    log_mel_spectrograms)[..., :num_mfccs]
```

最终得到的 MFCC 如图 11.4 所示。

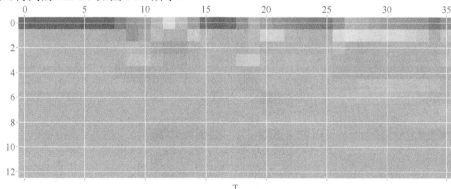

图 11.4　MFCC 图像

这里 MFCC 选择 35 个时间步绘图，由于提取了特征，因此整个信号时间步变得更少，更加适合于特征的提取。

11.1.2 语音处理模型

在语音处理过程中由于需要考虑前后文信息，因此考虑使用循环神经网络模型，这里将 MFCC 直接输入网络模型中即可获取输出。但文本标签几乎总是短于输出序列，因此在构成损失函数时需要使用 CTC-Loss 函数。这里用双向 RNN 来完成语音识别任务，如图 11.5 所示。

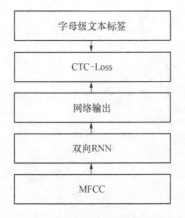

图 11.5 双向 RNN 处理语音识别任务

在进行语音识别的过程中，可以使用 RNN 模型来完成语音识别任务。对于英文文本来讲使用的文本标签为字母，这种给定标签的方式可以借助神经网络本身强大的表达能力使字母组合成单词。这里仅展示用于语音识别的 CTC-Loss 函数以及集束搜索解码过程，见代码清单 11.2。

代码清单 11.2　损失函数与解码函数

```
    self.loss = tf.reduce_mean(tf.nn.ctc_loss(target, logits, self.seqLength))
    self.pred = tf.to_int32(tf.nn.ctc_beam_search_decoder(logits,
self.seqLengths,beam_width=100, top_path=2,merge_repeated=False)[0][0])
```

在给定的参数中，target 为文本标签，其形式为稀疏矩阵，因此这里需要定义 3 个 placeholder，分别为索引、取值和矩阵形状，见代码清单 11.3。

代码清单 11.3　文本标签输入

```
    self.targetIdx = tf.placeholder(tf.int64)
    self.targetVals = tf.placeholder(tf.int32)
    self.targetShape = tf.placeholder(tf.int64)
    target = tf.SparseTensor(self.targetIdx, self.targetVals, self.targetShape)
```

解码过程使用的集束宽度为 100，也就是每个时间步保留概率较大的 100 个结果。top_path 是最终输出的序列个数，其大小不能大于集束宽度。ctc_beam_search_decoder 函数的输出有两个：第一个为解码文本标签的稀疏矩阵，如果设置多个 top_path，则稀疏矩阵也有多个；第二个为对数概率。具体计算过程可参考第 8 章。

11.1.3　结果输出

对输出结果使用字母级编码：将 26 个字母分别编码为 26 个整型数字，27 为空格，28 为"'"，29 为空白，标签总类为 30。在 loss 函数从 2000 降低到 100 时选择一个序列输出，代码如下。

> 真实输出：
>
> but was the matter allowed to end there i trow not again when harold was locked up in his room all day for assault and battery upon a neighbour's pig an action he
> would have scorned being indeed on the friendliest terms with the porker in question
>
> 预测输出：
>
> but was the matter allowed to end there i truew not again when harolld was loked up in his roomall day for sal d batterry upon the neighbour's pig and action he would have scoor baing ing
> deed on the friendlyas terms with the porer ing question

可以看到，虽然损失函数收敛值并不理想，但结果已经可以出现一定的规律。这里是由神经网络自身将字母组合成单词，因此一些单词会有拼写问题。如果发音模糊会使输出不理想。这种问题的解决方式有 3 个：继续进行训练，这是最简单有效的解决方式；训练一个网络进行纠正，而这与第一个思路相似，我们可以将网络模型整合到一起继续训练；使用"词"级别的标签，这需要标签的量非常大，在一些对话机器人中是合适的。但是对于英文来说模型过于复杂，因为发音与单词之间接近一一对应的关系。而在中文处理过程中加入后续处理是有必要的，因为中文的多音字使我们需要根据前后文才能确定字符。这需要一个足够复杂的网络来完成任务，或者在输出后进行其他的处理。

11.2　自然语言翻译

本节我们以 TensorFlow 的官方实例 NMT（Neural Machine Translation）作为基础代码进行讲解。

11.2.1　编码结构

编码（Encoder）结构输入 x 为文本 ID，需要使用 Embedding 将 ID 转换为向量后输入循环神经网络中，从而获取对应的向量。因此 Encoder 是一个传统的 RNN 结构，见代码清单 11.4。

代码清单 11.4　Encoder 代码

```
with tf.variable_scope("Encoder") as scope:
    # Embedding 过程
    # n_in_words: 翻译源语言字符的个数
    encoder_emb_w = tf.get_variable(
        "encoder_emb_w",
        [n_in_words, embedding_size])
    # encoder_input_id 输入文本 ID, 形式为[batch_size, times]
    encoder_input = tf.nn.embedding_lookup(
        encoder_emb_w,
        encoder_input_id)
    cell_fn = tf.nn.rnn_cell.BasicLSTMCell
    cells = [
        cell_fn(n_encoder_units)
        for itr in range(n_encoder_layers)]
    # 定义编码器网络
    encoder_cell = tf.nn.rnn_cell.MultiRNNCell(
        cells)
    # 像传统网络一样进行输入与输出
    # sequence_length: 输入序列长度
    encoder_outputs, encoder_state = tf.nn.dynamic_rnn(
        encoder_cell,
        encoder_input,
        sequence_length=sequence_length)
```

在一般网络结构之中对于 Encoder 的输出可以只用最后一个 state 输入 Decoder 结构之中，但是这样会无法充分保留有效信息，因此 Decoder 不仅使用了最后一个时刻的状态，还使用了所有 Encoder 的输出。Encoder 也是可以加入 DropOut 的，这可以防止网络的过拟合。这个机制在前面提到过：称为注意力（Attention）机制。encoder_outputs 的输出形式为[batchsize, max_time,hidden_size]。

11.2.2　解码结构

Decoder 结构同样为 RNN 结构，但是在使用过程之中需要将前一个时刻的输出循环地输入神经网络之中。因此同样需要定义多层 RNN 结构，见代码清单 11.5。

代码清单 11.5 Decoder 结构

```
with tf.variable_scope("Decoder") as scope:
    # 定义解码器网络，模型未使用注意力机制
    cell_fn = tf.nn.rnn_cell.BasicLSTMCell
    cells = [
        cell_fn(n_decoder_units)
        for itr in range(n_decoder_layers)]
    # 这与编码器定义一样
    decoder_cell = tf.nn.rnn_cell.MultiRNNCell(
            cells)
```

注意，在训练过程之中编码器是有输入的，这个输入由辅助函数 Helper 完成。解码过程见代码清单 11.6。

代码清单 11.6 Decoder 训练过程

```
with tf.variable_scope("Decoder") as scope:
    # 解码器的 Embedding
    # n_out_size: 目标语言字符的个数
    decoder_emb_w = tf.get_variable(
        "decoder_emb_w",
        [n_out_words, embedding_size])
    # decoder_input_id 输入文本 ID, 形式为[batch_size, times]
    emb_inputs = tf.nn.embedding_lookup(
        decoder_emb_w,
        decoder_input_id)
    # Helper 用于解码器数据输入
    # decoder_inputs 是编码器输出
    helper = tf.contrib.seq2seq.TrainingHelper(
            decoder_inputs, decoder_sequence_length)
    # Decoder 单元需要单独定义
    # 首先需要的参数是定义的解码器网络与 Helper
    # outputlayer 用于将解码器输出映射为词分类问题
    decoder = tf.contrib.seq2seq.BasicDecoder(
        decoder_cell,
        helper,
        encoder_state,
        output_layer=layers_core.Dense(
    n_out_size, use_bias=False))
    # Dynamic decoding
    outputs, _ = tf.contrib.seq2seq.dynamic_decode(
            decoder)
```

在训练过程中，输入为标签序列的 Embedding 向量，这里需要给定输出长度，解码过程中将 decoder_inputs 输入神经网络之中获取输出 outputs，此时输入是带有开始标志的。out_layer

207

的作用在于将神经网络输出转换为文字。在这之中 Helper 的结构见代码清单 11.7。

代码清单 11.7　训练过程的 TrainingHelper 函数

```
class TrainingHelper(Helper):
    """
    训练过程的 Helper 函数
    """

    def __init__(self, inputs, sequence_length, time_major=False, name=None):
        """
        初始化函数
        参数 inputs: 在 Embedding 后输入
        参数 sequence_length: 输入序列长度
        """
        ...
    def sample(self, time, outputs, name=None, **unused_kwargs):
        """
        sample 函数用于选择相应词的 ID
        """
        with ops.name_scope(name, "TrainingHelperSample", [time, outputs]):
            sample_ids = math_ops.cast(
                math_ops.argmax(outputs, axis=-1), dtypes.int32)
        return sample_ids

    def next_inputs(self, time, outputs, state, name=None, **unused_kwargs):
        """
        这是关键性函数, 用于获取下一步训练的输入
        实际上就是 inputs 的下一个时间步
        参数 time: 当前时间步
        参数 outputs: 神经网络的输出, 此例中未用到
        """
        next_time = time + 1
        # 检测输入是否已经结束
        finished = (next_time >= self._sequence_length)
        all_finished = math_ops.reduce_all(finished)
        def read_from_ta(inp):
            return inp.read(next_time)
        # 如果输入完全, 则输出 0; 否则输入 inputs 下一个时间步
        # self._input_tags 携带 inputs 信息
        next_inputs = control_flow_ops.cond(
            all_finished, lambda: self._zero_inputs,
            lambda: nest.map_structure(read_from_ta, self._input_tas))
        return (finished, next_inputs, state)
```

Decoder 类则用于此过程的执行，其中的关键函数是 step，见代码清单 11.8。

代码清单 11.8 BasicDecoder 函数

```
class BasicDecoder(decoder.Decoder):
    """解码器函数"""

    def __init__(self, cell, helper, initial_state, output_layer=None):
        """
        参数 cell: 解码器网络
        参数 helper:定义的辅助函数
        参数 initial_state:解码器的初始状态
        """
        ...
    def step(self, time, inputs, state, name=None):
        """
        用于执行一个解码时间步
        参数 time: 当前时间步
        参数 inputs: 当前步输入，由上一步 helper 产生
        参数 state:状态向量

        """
        # 输入 RNN 网络中获取输出
        cell_outputs, cell_state = self._cell(inputs, state)
        # 映射为词概率
        cell_outputs = self._output_layer(cell_outputs)
        # 获取词 ID
        sample_ids = self._helper.sample(
            time=time, outputs=cell_outputs, state=cell_state)
        # 获取下一步的输出(前面已经定义)
        (finished, next_inputs, next_state) = self._helper.next_inputs(
            time=time,
            outputs=cell_outputs,
            state=cell_state,
            sample_ids=sample_ids)
        # 将输出封装为一个类
        outputs = BasicDecoderOutput(cell_outputs, sample_ids)
        return (outputs, next_state, next_inputs, finished)
```

此函数需要与 Helper 联合使用。在预测过程中，需要将输出循环输入网络结构之中，因此过程与前面训练的过程有所不同，需要给定 Embbding 函数，用于将输出文字转换为网络输入，同时需要给定语句开始和结束的标志。这里使用贪心策略进行解码，见代码清单 11.9。

代码清单 11.9 Decoder 预测过程

```
with tf.variable_scope("Decoder") as scope:
    # 每一步只选择最优解,同时需要给定初始和结束条件
    helper = tf.contrib.seq2seq.GreedyEmbeddingHelper(
```

```
        decoder_emb_w, # embedding 矩阵
        start_tokens, # 需要给定开始标志字符
        end_token) # 需要给定结束标志字符
decoder = tf.contrib.seq2seq.BasicDecoder(
        decoder_cell,
        helper,
        encoder_state,
        output_layer=layers_core.Dense(
            n_out_words, use_bias=False))
outputs, final_context_state, _ = tf.contrib.seq2seq.dynamic_decode(
        decoder,
        maximum_iterations=maximum_iterations)
logits = outputs.rnn_output
sample_id = outputs.sample_id
```

这里 outputs 中包含了执行过程中的多个输出,有两个为关键输出:rnn_output 为神经网络输出;而 sample_id 则是字符 ID。这里展示一下预测过程中的 Helper 函数,见代码清单 11.10。

代码清单 11.10 预测过程中的 Helper 函数(贪心解码)

```
class GreedyEmbeddingHelper(Helper):
    """
    预测过程中的 Helper 函数
    """
    ...
    def sample(self, time, outputs, state, name=None):
        """
        根据 outputs 获取词 ID
        """
        del time, state  #未用到参数
        sample_ids = math_ops.cast(
            math_ops.argmax(outputs, axis=-1), dtypes.int32)
        return sample_ids

    def next_inputs(self, time, outputs, state, sample_ids, name=None):
        """
        用于下一个时间步输出
        这与训练过程不同, 需要使用上一步输出
        参数 sample_ids 为上一步输出的词
        """
        del time, outputs  # unused by next_inputs_fn
        # 检测是否到结束词
        finished = math_ops.equal(sample_ids, self._end_token)
        all_finished = math_ops.reduce_all(finished)
```

```
    next_inputs = control_flow_ops.cond(
        all_finished,
        # 如果结束，那么下一步输出则无关紧要
        lambda: self._start_inputs,
        # 如果没有结束，则输入上一词的 embedding 向量
        lambda: self._embedding_fn(sample_ids))
return (finished, next_inputs, state)
```

11.2.3　Attention 机制

Attention 机制在使用过程之中需要对 Encoder 输出进行处理，见代码清单 11.11。

代码清单 11.11　融入 Attention

```
# 在原始 cell 基础上加入 Attention 机制
with tf.variable_scope("Decoder") as scope:
    attention_mechanism = tf.contrib.seq2seq.BahdanauAttention(
        num_hidden,
        encoder_outputs,
        memory_sequence_length=source_sequence_length)
    decoder_cell = tf.contrib.seq2seq.AttentionWrapper(
        decoder_cell,
        attention_mechanism,
        attention_layer_size=num_hidden)
```

这里 Attention 机制需要的编码输出形式为[BATCHSIZE, max_time, num_units]。此步操作相当于在 decoder_cell 之中融入了 Encoder 的输出。下面来看 Attention 机制的主要结构，见代码清单 11.12。

代码清单 11.12　Attention 机制的主要结构

```
def _bahdanau_score(processed_query, keys, normalize):
    """
    根据文献"Neural Machine Translation by Jointly Learning to Align and Translate"
    来计算 Attention
    参数 processed_query 在本例中相当于 Decoder 的输入
    参数 keys 相当于 Encoder 的所有输入
    计算方式为 score=v*tanh(ht+hs)
    """
    dtype = processed_query.dtype
    # 获取单元个数
    num_units = keys.shape[2].value or array_ops.shape(keys)[2]
    # 将输入矩阵从 [batch_size, ...] 转换为 [batch_size, 1, ...], 便于相加
    processed_query = array_ops.expand_dims(processed_query, 1)
    # 参数 v
```

```
        v = variable_scope.get_variable(
            "attention_v", [num_units], dtype=dtype)
    # Attention 得分信息
    return math_ops.reduce_sum(v * math_ops.tanh(keys + processed_query), [2])


class BahdanauAttention(_BaseAttentionMechanism):
    """
    BahdanauAttention 实现
    文献: "Neural Machine Translation by Jointly Learning to Align and Translate."
    """
    ...
    def __call__(self, query, previous_alignments):
        """
        主要函数之一, 主要用于计算 Attention 之后的输入
        """
        processed_query = self.query_layer(query) if self.query_layer else query
        score = _bahdanau_score(processed_query, self._keys, self._normalize)
        # aliment 结果, 用于神经网络的下一步输入
        alignments = self._probability_fn(score, previous_alignments)
        return alignments
```

Warper 是辅助 Attention 计算使用的, 因此也是一个 RNN 单元, 见代码清单 11.13。

代码清单 11.13　AttentionWrapper 主要结构

```
    def _compute_attention(attention_mechanism, cell_output, previous_alignments,
attention_layer):
        """
        Attention 机制计算
        """
        # 参考 Attention 定义的 __call__() 方法
        alignments = attention_mechanism(
          cell_output, previous_alignments=previous_alignments)

        # 矩阵形式 [batch_size, memory_time] 转换为 [batch_size, 1, memory_time]
        expanded_alignments = array_ops.expand_dims(alignments, 1)
        # alignments shape [batch_size, 1, memory_time]
        # attention_mechanism.values shape [batch_size, memory_time, memory_size]
        # context shape [batch_size, 1, memory_size].
        context = math_ops.matmul(expanded_alignments, attention_mechanism.values)
        attention = array_ops.squeeze(context, [1])
        return attention, alignments
    class AttentionWrapper(rnn_cell_impl.RNNCell):
        """
        此单元属于带 Attention 机制的 RNN 单元
```

```
"""
def call(self, inputs, state):
    """
    此函数是 RNN 单元的关键方法
    用于执行一个时间步的输入
    参数 input：本步输入
    参数 state：自定义状态向量
    """
    # 首先将 Attention 输入与 RNN 输入进行连接
    cell_inputs = array_ops.concat([inputs, state.attention], -1)
    cell_state = state.cell_state
    # 输入 rnn 单元之中
    cell_output, next_cell_state = self._cell(cell_inputs, cell_state)

    previous_alignments = state.alignments
    previous_alignment_history = state.alignment_history

    # 可能存在多套 Attention 机制，用于保存多种信息，本例中仅有一种
    all_alignments = []
    all_attentions = []
    all_histories = []
    for i, attention_mechanism in enumerate(self._attention_mechanisms):
        attention, alignments = _compute_attention(
            attention_mechanism, cell_output, previous_alignments[i],
            self._attention_layers[i] if self._attention_layers else None)
        alignment_history = previous_alignment_history[i].write(
            state.time, alignments) if self._alignment_history else ()

        all_alignments.append(alignments)
        all_histories.append(alignment_history)
        all_attentions.append(attention)

    attention = array_ops.concat(all_attentions, 1)
    # 自定义 state，包含多个变量参数
    next_state = AttentionWrapperState(
    time=state.time + 1,
    cell_state=next_cell_state,
    attention=attention,
    alignments=self._item_or_tuple(all_alignments),
    alignment_history=self._item_or_tuple(all_histories))

    return attention, next_state
```

11.2.4　网络结构图像解释

神经网络模型如图 11.6 所示。

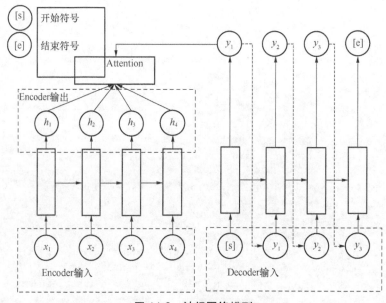

图 11.6　神经网络模型

可以看到，在融入 Attention 之后神经网络传递到输出层的信息更多，因此可以完成更加复杂的任务。当然，网络模型本身也可以用于对话机器人等任务之中。

11.2.5　损失函数

loss 函数直接选择序列对比即可，见代码清单 11.14。

代码清单 11.14　loss 函数

```
loss = seq2seq.sequence_loss (
    decoder_outputs, # 解码器输出
    target, # 标签
    weight # 加权
)
```

此处序列并不需要 CTC-Loss，因为网络在预测过程中的输出应当就是一一对应的关系，而不需要进行文本对齐，对齐可由网络本身完成。

11.3 文本转语音（TTS）模型

在本节中将对文本转语音任务进行说明，网络模型本身依然是带有 Attention 机制的编码—解码结构，本节目的在于帮助读者更深入地了解 TensorFlow 循环神经网络结构的使用。项目为开源的 Tacotron 结构。

11.3.1 网络模型

网络模型使用 Tacotron 网络模型，其属于端到端处理的结构，直接由文本生成频谱。因此网络结构更加复杂。现在来看用于文本转语音的网络结构，如图 11.7 所示。

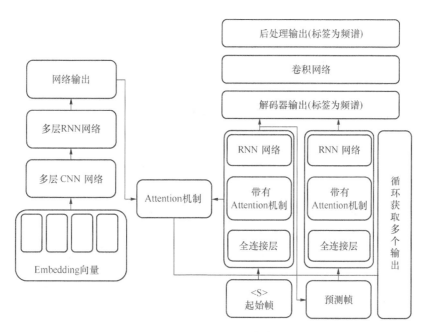

图 11.7 Tractron 网络结构

可以看到，在处理过程中经历了卷积、全连接、循环网络等多种结构，因此网络本身是一个融合结构。这要求我们对 TensorFlow 的 API 进行修改以适应模型的需要。因此本节将从 LSTM 结构开始讲解 TensorFlow 的 API 更进一步的使用。

11.3.2 自定义 RNN 结构：ZoneoutLSTM

相比于传统 DropOut，ZoneoutLSTM 在网络结构内部也进行了 DropOut 处理，网络掩码 d

的位置不同，如图 11.8 所示。

其中，虚线部分为 Zoneout 执行正则化的部分，关键过程是对记忆向量选择性取 0。

$$C_{t-zoneout} = d_t^c \circ C_{t-1} + (1 - d_t^c) \circ C_t$$
$$h_{t-zoneout} = d_t^t \circ h_{t-1} + (1 - d_t^h) \circ h_t$$

$$(11.1)$$

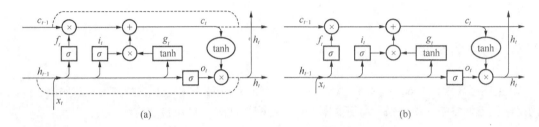

图 11.8　ZoneoutLSTM

式（11.1）是对 7.3 节 LSTM 代码的改进。TensorFlow 允许我们自定义 RNN 形式。在定义新的 RNN 时可以继承 RNNCell 类，见代码清单 11.15。

代码清单 11.15　定义新的 RNN 类

```
from tensorflow.python.ops.rnn_cell import RNNCell
class ZoneoutLSTMCell(RNNCell):
    def __init__(self, num_units, is_training, input_size=None,
        cell_clip=None,
        initializer=tf.contrib.layers.xavier_initializer(),
        num_proj=None, proj_clip=None, ext_proj=None,
        forget_bias=1.0,
        state_is_tuple=True,
        activation=tf.tanh,
        zoneout_factor_cell=0.0,
        zoneout_factor_output=0.0,
        reuse=None
):
```

定义 RNN 过程中的关键步骤是定义__call__()方法，见代码清单 11.16。

代码清单 11.16　自定义 RNN 的__call__()方法

```
def __call__(self, inputs, state, scope=None):

    num_proj = self.num_units if self.num_proj is None else self.num_proj
    (c_prev, h_prev) = state
    dtype = inputs.dtype
    input_size = inputs.get_shape().with_rank(2)[1]
```

```python
with tf.variable_scope(scope or type(self).__name__):
    # 定义 gate
    # i = input_gate, j = new_input, f = forget_gate, o = output_gate
    lstm_matrix = _linear([inputs, h_prev], 4 * self.num_units, True)
    i, j, f, o = tf.split(lstm_matrix, 4, 1)

    with tf.name_scope(None, "zoneout"):
        # 根据定义比例，随机形成 DropOut 向量
        keep_prob_cell = tf.convert_to_tensor(
                self.zoneout_factor_cell,
                dtype=c_prev.dtype
            )
        random_tensor_cell = keep_prob_cell
        random_tensor_cell += \
                tf.random_uniform(tf.shape(c_prev),
                                  seed=None, dtype=c_prev.dtype)
        # 网络内 DropOut
        binary_mask_cell = tf.floor(random_tensor_cell)
        # 0 <-> 1 转换
        binary_mask_cell_complement = tf.ones(tf.shape(c_prev)) \
                - binary_mask_cell

        keep_prob_output = tf.convert_to_tensor(
                self.zoneout_factor_output,
                dtype=h_prev.dtype
            )
        random_tensor_output = keep_prob_output
        random_tensor_output += \
                tf.random_uniform(tf.shape(h_prev),
                                  seed=None, dtype=h_prev.dtype)
        # 输出 DropOut
        binary_mask_output = tf.floor(random_tensor_output)
        # 0 <-> 1 swap 转换
        binary_mask_output_complement = tf.ones(tf.shape(h_prev)) \
                - binary_mask_output

    # 单元内 Zoneout
    c_temp = c_prev * tf.sigmoid(f + self.forget_bias) + \
            tf.sigmoid(i) * self.activation(j)
    if self.is_training and self.zoneout_factor_cell > 0.0:
        c = binary_mask_cell * c_prev + \
                binary_mask_cell_complement * c_temp
    else:
        c = c_temp
```

```
                    # 输出 Zoneout
                    h_temp = tf.sigmoid(o) * self.activation(c)
                    if self.is_training and self.zoneout_factor_output > 0.0:
                        h = binary_mask_output * h_prev + \
                                    binary_mask_output_complement * h_temp
                    else:
                        h = h_temp
                    new_state = (tf.nn.rnn_cell.LSTMStateTuple(c, h)
                                    if self.state_is_tuple else tf.concat(1, [c, h]))

                    return h, new_state
```

这里需要注意的是，RNN 中的状态向量是可以自定义的，并不一定需要使用 LSTM 的状态向量。代码中应当添加异常处理函数，这里为了结构清晰将异常处理部分全部省略。

11.3.3 自定义 RNN：带有卷积层的循环网络

这里我们可以自定义带有卷积层的 RNN 网络，需要先继承 RNNCell 类，见代码清单 11.17。

代码清单 11.17 定义带有卷积的 RNN

```
from tensorflow.contrib.rnn import RNNCell

class EncoderLSTMCell(object):
    """
    编码单元
    """
    def __init__(self, is_training, size=256, zoneout=0.1):
        """
        初始化函数
        参数 is_training: 是否是训练过程
        参数 size: 单元大小
        参数 zoneout: Zoneout 单元参数
        """
        self.is_training = is_training
        self._cell = ZoneoutLSTMCell(size, is_training,
            zoneout_factor_cell=zoneout,
            zoneout_factor_output=zoneout)

    def __call__(self, inputs, input_lengths):
        """
        call 函数直接执行双向 RNN 输入，并非传统的每一步执行一个时间步
        参数 inputs: 输入
        参数 inputs_length: 输入长度
        """
```

```
        outputs, (fw_state, bw_state) = tf.nn.bidirectional_dynamic_rnn(
            self._cell,
            self._cell,
            inputs,
            sequence_length=input_lengths,
            dtype=tf.float32)

        return tf.concat(outputs, axis=2)


class EncoderCell(RNNCell):
    """
    编码单元
    """

    def __init__(self, convolutional_layers, lstm_layer):
        """
        编码单元包含卷积层与循环神经网络层
        """
        super(EncoderCell, self).__init__()
        self._convolutions = convolutional_layers
        # lstm_layer 为自定义单元，其定义可以参考 EncoderLSTMCell
        self._cell = lstm_layer
```

传入部分为卷积函数与 LSTM 函数。接下来定义 RNN 类中的 call 方法，见代码清单 11.18。

代码清单 11.18　定义 __call__ 方法

```
    def __call__(self, inputs, input_lengths=None):
        # 卷积函数
        conv_output = self._convolutions(inputs)
        # 双向 RNN 直接获取输出
        rnn_output = self._cell(conv_output, input_lengths)
        return rnn_output
```

代码实际上是将卷积层与循环神经网络层整合到一起，在输入过程中首先进行卷积处理，之后再放到 RNN 中进行处理，并将结果返回。本节中的网络可以进行以上形式的封装，也可以直接进行编码计算。

11.3.4　自定义解码器

在定义解码器的过程中依然使用 RNNCell 作为基类，定义解码器的过程中需要将 Attention 机制以及其他处理网络一同作为 RNN 输入，这在定义解码 RNN 时需要给定，见代码清单 11.19。

代码清单 11.19　自定义解码器

```
class DecoderCell(RNNCell):
```

```
"""
解码器
解码步骤如下
1. Prenet 处理输入信息 xt
2. 将处理后的信息与状态向量作连接形成 vt
3. 输入 rnn_cell 中形成输出 yt,ht
4. 获取输出计算 Attention
5. 结合 Attention 输出与 RNN 输出计算网络输出
6. 预测结束标签
"""
def __init__(self, prenet, attention_mechanism, rnn_cell, frame_projection,
stop_projection, mask_finished=False):
    ...
```

同样，需要自行定义 call 方法，见代码清单 11.20。

代码清单 11.20   __call__()方法

```
def __call__(self, inputs, state):
    #前处理网络
    prenet_output = self._prenet(inputs)
    #将处理后的结果与 Attention 结果进行连接
    LSTM_input = tf.concat([prenet_output, state.attention], axis=-1)
    #使用 RNN 结构获取输出
    LSTM_output, next_cell_state = self._cell(LSTM_input, state.cell_state)
    #获取前一步 Attention 结果，并计算本步输出
    previous_alignments = state.alignments
    previous_alignment_history = state.alignment_history
    context_vector, alignments, cumulated_alignments = _compute_attention(
        self._attention_mechanism,
        LSTM_output,
        previous_alignments,
        attention_layer=None)
    #连接 Attention 结果与网络输出
    projections_input = tf.concat([LSTM_output, context_vector], axis=-1)
    #计算网络输出
    cell_outputs = self._frame_projection(projections_input)
    #计算结束标签
    stop_tokens = self._stop_projection(projections_input)
    #将结束后的输出置为 0
    finished = tf.cast(
        state.finished * tf.ones(tf.shape(alignments)),
        tf.bool)
    mask = tf.zeros(tf.shape(alignments))
    masked_alignments = tf.where(finished, mask, alignments)
    #保留本步计算的 Attention 信息
```

```
alignment_history = previous_alignment_history.write(
    state.time,
    masked_alignments)
#自定义的 State
next_state = DecoderCellState(
    time=state.time + 1,
    cell_state=next_cell_state,
    attention=context_vector,
    alignments=cumulated_alignments,
    alignment_history=alignment_history,
    finished=state.finished)

return (cell_outputs, stop_tokens), next_state
```

计算 Attention 的函数实际上就是根据本步每个编码器的输出与解码器的输出计算得分，并按照得分加权相加形成本步 Attention 输出，之后将本步输出与网络输入进行连接，见代码清单 11.21。

代码清单 11.21　Attention 计算

```
def _compute_attention(attention_mechanism, cell_output, attention_state,
attention_layer):
    """
    Attention 计算函数
    """
    alignments, next_attention_state = attention_mechanism(
        cell_output, state=attention_state)
    expanded_alignments = array_ops.expand_dims(alignments, 1)
    # alignments 维度: [batch_size, 1, memory_time]
    # attention_mechanism.values: [batch_size, memory_time, memory_size]
    context = math_ops.matmul(expanded_alignments, attention_mechanism.values)
    context = array_ops.squeeze(context, [1])
    return context, alignments, next_attention_state
```

这里，Attention 的计算方式与传统的计算方式类似。

11.3.5　自定义 Helper

在前面的自然语言翻译的训练过程中需要将前一步的输出循环输入回神经网络中，这需要借助 Helper 完成，因此这里需要自定义训练和预测过程中的 Helper，见代码清单 11.22。

代码清单 11.22　训练过程中的 Helper

```
from tensorflow.contrib.seq2seq import Helper
class TacoTrainingHelper(Helper):
```

这里，需要定义 next_inputs 函数，见代码清单 11.23。

代码清单 11.23　　next_inputs 函数

```
def next_inputs(self, time, outputs, state, sample_ids, stop_token_prediction):
    finished = (time + 1 >= self._lengths)
    next_inputs = self._targets[:, time, :]
    next_state = state.replace(
        finished=tf.cast(tf.reshape(finished, [-1, 1]),
        tf.float32))
    return (finished, next_inputs, next_state)
```

预测过程中的 Helper 函数与训练过程不同，需要判断是否结束，见代码清单 11.24。

代码清单 11.24　预测过程中的 next_inputs 函数

```
def next_inputs(self, time, outputs, state, sample_ids, stop_token_prediction):
    finished = tf.cast(tf.round(stop_token_prediction), tf.bool)
    finished = tf.reduce_any(finished)
    next_inputs = outputs[:, -self._output_dim:]
    next_state = state
    return (finished, next_inputs, next_state)
```

11.3.6　自定义 Attention 机制

自定义 Attention 机制使我们不必局限于给定的方式，可以设计自己的 Attention 机制算法。这里以 BahdanauAttention 作为扩展而成的局部敏感 Attention 机制，见代码清单 11.25。

代码清单 11.25　定义 Attention 机制

```
from tensorflow.contrib.seq2seq.python.ops.attention_wrapper import BahdanauAttention
class LocationSensitiveAttention(BahdanauAttention):
    """
    局部敏感 Attention 机制
    """
    def __init__(self, num_units, memory, **argv):
```

Attention 机制依然需要定义 call 方法，见代码清单 11.26。

代码清单 11.26　Attention 的 __call__()方法

```
def __call__(self, query, state):
    """
    方法描述文献: Attention-Based Models for Speech Recognition
    query 为解码器 RNN 输出步
    """
```

```
上一个时间步计算结果
previous_alignments = state
# 计算 attention [batch_size, query_depth] -> [batch_size, attention_dim]
processed_query = self.query_layer(query)
# -> [batch_size, 1, attention_dim]
processed_query = tf.expand_dims(processed_query, 1)
# 融合上一步 Attention 的 score 信息
expanded_alignments = tf.expand_dims(p
revious_alignments,
axis=2)
# 使用卷积计算
f = self.location_convolution(expanded_alignments)
# 处理特征 [batch_size, max_time, attention_dim]
processed_location_features = self.location_layer(f)
计算 Attention 的函数
energy = _location_sensitive_score(
    processed_query,
    processed_location_features,
    self.keys)
# 计算本步 score
score = self._probability_fn(energy, previous_alignments)

next_state = score + previous_alignments
return score, next_state
```

在局部敏感 Attention 中使用了卷积结构处理上一步的 Attention 输出。到此，使用 TensorFlow 建立了合适的基础结构。接下来对基础结构进行整合。

11.3.7　模型描述

文本转语音模型依然是一个编码—解码结构，在实践过程中需要对它们分别实现。因此，本节相比于第 10 章，难点在于模型的建立，而非损失函数部分。

1. Encoder

Encoder 部分为卷积网络和循环神经网络的融合。卷积神经网络的每一层都使用 BatchNorm 优化，见代码清单 11.27。

代码清单 11.27　卷积函数

```
def conv1d(inputs, chanels, kernel_size, activation=tf.nn.relu, is_training=True):
    conv1d_output = tf.layers.conv1d(
        inputs,
        filters=channels,
        kernel_size=kernel_size,
```

```
        activation=None,
        padding='same')
    batched = tf.layers.batch_normalization(conv1d_output, training=is_training)
    activated = activation(batched)
    droped = tf.layers.dropout(
        activated, rate=0.5,
        training=is_training)
    return droped
```

这里对卷积函数进行了封装并且融入了 Dropout 及 BatchNorm。接下来就是构建三层卷积网络，见代码清单 11.28。

代码清单 11.28　三层卷积

```
with tf.variable_scope("Encoder-CNN"):
net = x
for i in range(3):
    net = conv1d(net, 512, 5)
```

在后续的处理过程中使用了 RNN 进行处理，这里的 RNN 单元使用 Zoneout 方式进行处理。利用 Zoneout 单元构建 Encoder，见代码清单 11.29。

代码清单 11.29　双向 RNN

```
with tf.variable_scope("Encoder-RNN"):
    forward_cell = ZoneoutLSTMCell()
    bacward_cell = ZoneoutLSTMCell()
    outputs, (fw_state, bw_state) = tf.nn.bidirectional_dynamic_rnn(
                forward_cell,
                bacward_cell,
                net,
                sequence_length=input_lengths,
                dtype=tf.float32)
    net = tf.concat(outputs, axis=2)
```

将所得结果输入全连接网络，见代码清单 11.30。

代码清单 11.30　前处理网络

```
with tf.variable_scope("encoder_prenet"):
    for i, size in enumerate([256, 256]):
        pre_net = tf.layers.dense(net, units=size, activation=tf.nn.relu,
                name='dense%d'%(i + 1))
        net = tf.layers.dropout(pre_net, rate=0.5, is_training=is_training,
                name='dropout%d'%(i + 1))
```

Encoder 结构的构建到这里就完成了。为说明方便本节未使用 11.3.3 节中封装好的编码结构。

2. Decoder

Decoder结构与Encoder结构类似，这里的Decoder是带有Attention结构的 Decoder。Decoder结构中的每一步都需要循环输入上一步的输出，通过Helper函数来实现。上述循环结构需要一个终止符，用以标识输出结束，见代码清单11.31。

代码清单 11.31　Decoder 输出

```
(frames_prediction, stop_token_prediction, _), final_decoder_state, _ =
tf.contrib.seq2seq.dynamic_decode.dynamic_decode(DefinedDecoder(decoder_cell, helper,
decoder_init_state)
                impute_finished=False
                maximum_iterations=max_iters)
decoder_output = tf.reshape(frames_prediction, [batch_size, -1, hp.num_mels])
```

对于 Decoder 输出，为了更好地输出频谱，同时加强对于前后帧的处理，加入了后处理网络 PostNet，见代码清单 11.32。

代码清单 11.32　PostNet

```
post_output2 = PostNet(decoder_output)
deocder_output2 = decoder_output + post_output2
```

PostNet 为卷积神经网络，用于完成不同帧间的信息处理。在不加入后处理网络时依然可以完成输出，但是效果比较差。

3. 损失函数

损失函数有两个部分，第一部分为Decoder输出，第二部分为PostNet输出，两者与标签数据形成损失函数，见代码清单11.33。

代码清单 11.33　损失函数

```
before = tf.losses.mean_squared_error(mel_targets, decoder_output)
after = tf.losses.mean_squared_error(mel_targets, decoder_output2)
loss1 = before + after
```

Decoder 输出以及后处理结果的目标均为频谱振幅。损失函数还包括结束标识与正则化损失。

11.3.8　后处理

后处理过程是将振幅谱恢复为声音信号，这个过程不需要机器学习完成，只需使用 Griffin Lin 算法恢复波形即可，见代码清单 11.34。

代码清单 11.34　Griffin Lin 算法

```
def griffin_lim(S, n_fft, hop_size):
    """
    Griffin Lin 算法
    参数 S: 预测频谱幅值
    参数 n_fft: FFT 变换采样点个数
    hop_size: 帧间隔步长
    算法目的为估计频谱复数角度
    依赖 librosa 库
    """
    angles = np.exp(2j * np.pi * np.random.rand(*S.shape))
    S_complex = np.abs(S).astype(np.complex)
    y = librosa.istft(S_complex * angles, hop_size)
    for i in range(60):
        angles = np.exp(
            1j * np.angle(librosa.stft(
                y, n_fft=n_fft,
                hop_length=hop_size,
                hop_size)))
        y = librosa.istft(S_complex * angles, hop_size)
    return y
```

　　由于恢复信号仅有振幅信息，而信号频率为复数，因此需要相位（Angle）信息才能恢复原始频率信息。Griffin Lin 算法使用迭代方式恢复相位信息。

11.3.9　结果展示

　　由于无法展示音频，因此这里将信号与产生的频谱图进行对比，迭代次数 16 000 次，如图 11.9～图 11.11 所示。

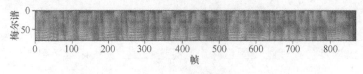

图 11.9　预测频谱

图 11.10　实际频谱

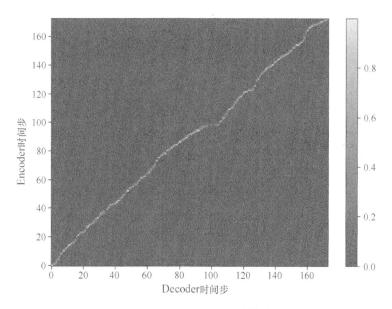

图 11.11　Attention 得分信息

训练 16 000 次是远远不够的，但是目前已经可以大致听懂一些英文的发音。从频谱图可以看到，生成图像与实际图像相差不大，但是细节上依然差别较多，这需要进一步训练得到结果。

11.4　小结

本章的主要内容是使用循环神经网络处理文本问题。这个过程使用了带有 Attention 机制的编—码解码结构。整个编码—解码结构对于初学者来讲是很复杂的内容。而且网络训练和预测过程也有细微的区别。

读者在完成本章学习后可以对循环神经网络结构有更深层的理解。这种理解是基于实践的。在完成网络搭建实践后才能从深层次上理解深度神经网络。

希望读者在学习过程中不要局限于文中所述的内容。深度神经网络作为"通用机器学习"可以解决很多复杂问题。比如，自然语言翻译模型仅需改变训练数据即可完成与机器人对话等任务（进行适当优化后可以得到更好的结果）。这是深度学习算法相比于其他机器学习算法的优势所在。而这种优势随之而来的是效率问题。在不在乎效率的场景下，深度学习模型可以解决很多问题。

第 12 章
非监督学习模型

本章将对深度学习中的非监督学习过程进行介绍。整个非监督学习是整个机器学习未来发展的方向，因为这更符合人类认知的过程。机器学习的目标就在于使机器不断地接近人类认知的过程。现阶段无监督的机器学习模型依然需要进一步研究。本章将对一些无监督机器学习内容进行简单阐述，主要包含 3 个方面。

（1）对抗生成网络模型生成手写数字。

（2）自编码器提取特征。

（3）增强学习实例。

这 3 个部分之间的关系与前面不同，并无统一的顺序关系，因此读者可以有选择地学习。通常而言，深度学习都是有标签的数据，这需要海量的标注数据。而无监督的机器学习则可以在一定程度上放宽对标注数据的要求。同时，作为深度学习目前热门的研究方向，新的模型层出不穷，但基本思维内核是一致的，甚至可以直接使用第 6~11 章的机器建模思路。

在本章的学习过程中，希望读者关注以下两个部分。

（1）如何构建损失函数。

（2）如何构建模型。

在无监督的机器学习中，将损失函数的构建放在了第一位，因为如何构建损失函数代表了整个深度学习的优化方向，其构建过程直接反映了建模的人对于环境的理解。构建模型部分则是希望读者加强对建模过程的理解。

12.1 对抗生成网络

最早的对抗生成网络使用神经网络生成特定类型图像的机器学习模型。为达到这个目的，将对抗生成网络分为两个部分，第一个部分是生成器（Generator），第二个部分是判别器（Discriminator）。生成器的目的在于从数据集中学习分布p_g，并用符合一定分布的噪声z生成图像。生成器表示为$G(z; \theta_g)$。而判别器$D(x; \theta_d)$的目标是判别某个图像是来自于真实的数据还是产生于生成器。那么损失函数的定义如下。

$$\min_G \max_D L(D, G) = \mathbb{E}_{x \sim p_{data}(x)}(\log D(x)) + \mathbb{E}_{z \sim p_z}(\log 1 - D(G(z))) \tag{12.1}$$

损失函数中分为两个部分：判别器判别数据是产生于生成器还是真实数据，生成器使生成器认为其生成图像是来源于真实图像的。这是一个博弈的过程。在训练过程中判别器损失函数如下。

$$loss_g = -\log D(x) - \log(1 - D(G(z))) \tag{12.2}$$

生成器损失函数如下。

$$loss_g = \log \left(1 - D(G(z))\right) \tag{12.3}$$

整个网络的结构如图 12.1 所示。

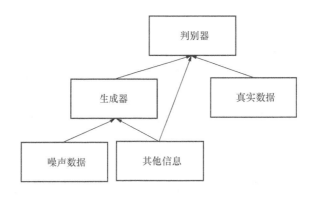

图 12.1　对抗生成网络模型

在对抗生成网络的内容中加入了其他信息，如标签信息，用于控制网络本身生成内容。在搭建对抗生成网络的过程中，可以融入所需的信息。

12.1.1　反卷积结构

反卷积（Transposed Convolution，也称作 Deconvolution）结构是在生成网络、图像分割领域中应用较多的卷积结构，传统的卷积结果中由于主要目标在于判别，因此卷积所得特征图均小于等于原有特征图。实际上反卷积依然是传统的卷积结构，只是在处理输入过程中填入了 0，完成图像上采样任务，如图 12.2 所示。

处理后进行常规的卷积处理，此时卷积后的特征图比原有输入数据的特征图更大。TensorFlow 中的相关函数见代码清单 12.1。

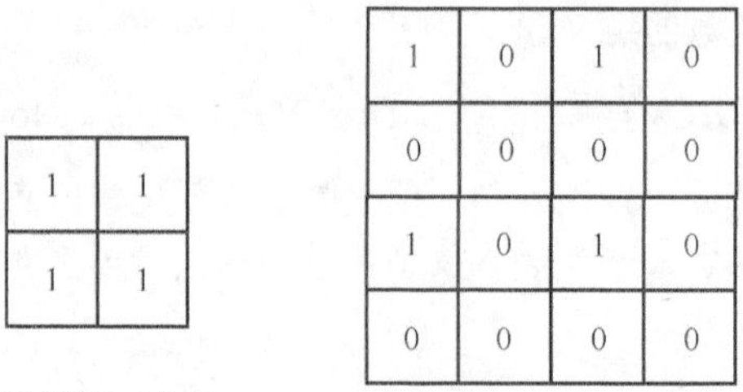

原始图像2×2像素

将步长（stride）设置为2，
意味着长宽方向对输入
添加stride-1个0

图 12.2　反卷积结构处理输入

代码清单 12.1　反卷积函数

```
# 传统反卷积函数
tensorflow.nn.conv2d_transpose
# 常用反卷积函数
tensorflow.layers.conv2d_transpose
# 慎重使用 contrib 内函数，新版本已不再推荐使用
tensorflow.contrib.layers.conv2d_transpose
```

这 3 个函数基本上是一致的。此时参数中的 stride 并非常规卷积中对图像的降采样过程，
而是上采样和卷积过程。

12.1.2　对抗神经网络的搭建

这里以手写数字作为实例搭建对抗神经网络，定义需要用到的卷积、反卷积与矩阵连接函
数，见代码清单 12.2。

代码清单 12.2　相关函数

```
def deconv2d(inputs, num_outputs, kernel_size, batch_norm=True,
activation_fn=tf.nn.relu, stride=2):
    net = layers.conv2d_transpose(inputs,
                                  num_outputs,
                                  kernel_size,
                                  activation_fn=None
                                  stride=stride,
                                  padding="SAME")
    if batch_norm:
        net = layers.batch_norm(net)
        net = activation_fn(net)
    return net
```

```
    def conv2d(inputs, num_outputs, kernel_size, batch_norm=True,
activation_fn=tf.nn.relu, stride=2):
        net = layers.conv2d(inputs,
                            num_outputs,
                            kernel_size,
                            activation_fn=None
                            stride=stride,
                            padding="SAME")
        if batch_norm:
            net = layers.batch_norm(net)
            net = activation_fn(net)
        return net
    def dense(inputs, num_outputs, batch_norm=True, activation_fn=tf.nn.relu, stride=2):
        net = layers.fully_connected(inputs,
                            num_outputs,
                            activation_fn=None
        if batch_norm:
            net = layers.batch_norm(net)
            net = activation_fn(net)
        return net

    def concat(inputa, inputb):
        x_shapes = inputa.get_shape()
        y_shapes = inputa.get_shape()
        return tf.concat([inputa,
                    inputb*tf.ones([x_shapes[0], x_shapes[1], x_shapes[2],
y_shapes[3]])],
                    3)
```

这里使用 TensorFlow 提供的高层 API 搭建网络，并搭建生成器，见代码清单 12.3。

代码清单 12.3　生成器

```
    def generator(self, z, y):
        """
        生成器
        z: 随机噪声[batch_size, dim]
        y: 标签数据[batch_size, one_hot]
        """
        with tf.variable_scope("generator") as scope:
            w4 = self.imgw//4
            h4 = self.imgh//4
            y4d = tf.reshape(y, [-1, 1, 1, 10])
            # 融入标签信息
            net = tf.concat([z, y], 1)
            net = dense(net, 64)
```

```
                    # 融入标签信息
                    net = tf.concat([net, y], 1)
                    net = dense(net, 128*w4*h4)
                    # 转换为图像矩形
                    net = tf.reshape(net, [-1, h4, w4, 128])
                    # 第一次反卷积
                    net = concat(net, y4d)
                    net = deconv2d(net, 128, 3)
                    # 第二次反卷积
                    net = concat(net, y4d)
                    output = deconv2d(net, 1, 3, batch_norm=False, activation_fn=tf.nn.
sigmoid)
                    return output
```

生成器最终生成的矩阵形状为[BatchSize, Height, Width, Channel]，这是符合图像的。这里对于手写数字而言维度为[-1,28,28,1]，在每一步中均融入了标签信息。这是生成特定数字所需的，若无标签，则无法控制输出字符。判别器结构与生成器结构的目标不同，其目的是判别两个类。因此这里将其输出长度定义为1，见代码清单12.4。

代码清单 12.4　判别器

```
    def discriminator(self, image, y):
    # 由于判别器需要使用两次，因此需要定义变量复用
        with tf.variable_scope("discriminator", reuse=tf.AUTO_REUSE
) as scope:
                y4d = tf.reshape(y, [-1, 1, 1, 10])
                net = concat(image, y4d)
                net = conv2d(net, 32, 3)
                net = concat(net, y4d)
                net = conv2d(net, 64, 3)
                net = layers.flatten(net)
                net = tf.concat([net, y], 1)
                net = dense(net, 128)
                # 最终输出为一个神经元，因为只有两类
                net = dense(net, 1, activation_fn=None)
                return net
```

对抗生成网络的核心在于组织生成器与判别器之间的关系。训练器与判别器是分开训练的，一般训练一次判别器，要训练n次生成器。因为生成器比较难以训练，这会使判别器迅速收敛。构建损失函数与训练过程，见代码清单12.5。

代码清单 12.5　损失函数与训练过程

```
    def build_model(self):
        self.graph = tf.Graph()
```

```python
with self.graph.as_default():
    # 输入图像
    self.inputs = tf.placeholder(tf.float32,
                                 shape=[self.batch_size,
                                        self.imgh,
                                        self.imgw, 1])
    # 随机噪声
    self.z = tf.placeholder(tf.float32, [self.batch_size, 100])
    # 手写数字有10类
    self.y = tf.placeholder(tf.float32, [self.batch_size, 10])
    self.gen_images = self.generator(self.z, self.y)
    # 将生成器图像输入判别器中
    d_false = self.discriminator(self.gen_images, self.y)
    # 真实图像输入判别器
    d_true = self.discriminator(self.inputs, self.y)
    def cross_entropy(logits, label="zeros"):
        if label == "zeros":
            net = tf.nn.sigmoid_cross_entropy_with_logits(
                logits=logits,
                labels=tf.zeros_like(logits)
            )
        elif label == "ones":
            net = tf.nn.sigmoid_cross_entropy_with_logits(
                logits=logits,
                labels=tf.ones_like(logits)
            )
        return net
    # 判别器的目标是区分两种图像
    d_loss_true = tf.reduce_mean(cross_entropy(d_true, "ones"))
    d_loss_false = tf.reduce_mean(cross_entropy(d_false, "zeros"))
    d_loss = d_loss_true + d_loss_false
    # 生成器的目标是骗过判别器
    g_loss = tf.reduce_mean(cross_entropy(d_false, "ones"))
    # 获取所有变量
    self.all_var = tf.trainable_variables()
    # 获取生成器变量
    self.g_vars = [var for var in self.all_var if 'generator' in var.name]
    # 获取判别器变量
    self.d_vars = [var for var in self.all_var if 'discriminator' in var.name]
    # 训练判别器
    self.d_step = tf.train.AdamOptimizer(1e-3).minimize(d_loss, var_list=
self.d_vars)
    # 训练生成器
    self.g_step = tf.train.AdamOptimizer(1e-3).minimize(g_loss, var_list=
self.g_vars)
```

整个代码非常长，之后在每个循环中迭代一次判别器并迭代多个生成器即可。至此对抗生成网络搭建完毕。

12.1.3 结果展示

这里网络所生成的数字如图 12.3 所示。

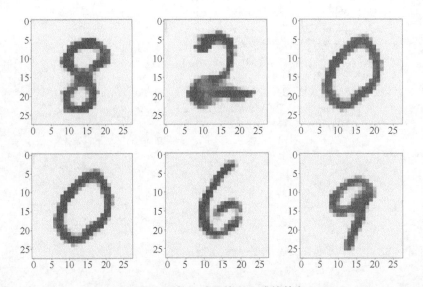

图 12.3 对抗生成网络所生成的数字

可以看到，对抗生成网络所生成的手写数字基本上已经达到了以假乱真的程度。

12.2 去噪自编码器

自编码器由编码器与解码器构成，编码器用于提取数据特征，解码器用于将特征还原为数据。从这方面来看，其与前面的编码—解码结构有些类似，对于自编码器结构来讲，其主要作用在于提取数据特征，并对其进行压缩，还可以用于将提取特征还原为数据。自编码器结构如图 12.4 所示。

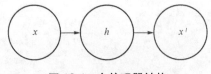

图 12.4 自编码器结构

编码器将输入数据编码为向量h，而解码器将编码向量h解码为数据x'。本节以去噪自编码器作为例子进行说明。

12.2.1　去噪自编码器结构

去噪自编码器结构的输入输出均为图像，因此使用卷积结构作为编码器。而解码器使用反卷积结构，见代码清单12.6。

代码清单 12.6　自编码器

```
import tensorflow as tf
import tensorflow.contrib.layers as layers

inputs = tf.placeholder(tf.float32, [None, 28, 28, 1])
inputs_noise = tf.placeholder(tf.float32, [None, 28, 28, 1])
net = layers.conv2d(inputs_noise, 32, 3)
net = layers.batch_norm(net)
net = layers.max_pool2d(net, 2, 2)
net = layers.conv2d(net, 64, 3)
net = layers.batch_norm(net)
net = layers.max_pool2d(net, 2, 2)
net = layers.conv2d(net, 64, 3)
net = layers.batch_norm(net)
net = layers.conv2d_transpose(net, 64, 3, stride=2)
net = layers.batch_norm(net)
net = layers.conv2d_transpose(net, 32, 3, stride=2)
net = layers.batch_norm(net)
out = layers.conv2d(net, 1, 3, activation_fn=None)

out2d = tf.reshape(out, [-1, 784])
lab2d = tf.reshape(inputs, [-1, 784])
loss = tf.losses.sigmoid_cross_entropy(lab2d, out2d)
```

由于自编码器编码向量h可以恢复数据，因此它应当携带了足够的数据特征，可以用于特征提取工作。

12.2.2　去噪结果

本次实践迭代 100 次，观察实验结果，见代码清单12.7。

代码清单 12.7　预测过程

```
out_img = sess.run(tf.nn.sigmoid(out),feed_dict={inputs_noise:in_img_noise})
```

将所得结果输出，如图 12.5 所示。

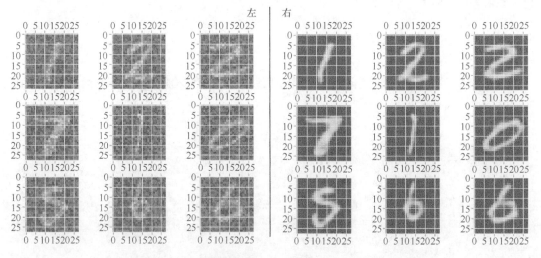

图 12.5　去噪自编码器结果：噪声图像（左）去噪后（右）

实际上自编码器可以看作一个无监督的机器学习过程。而其产生的目的在于提取数据有效特征用于识别。这里使用完整的网络作为滤波器，在图像压缩等任务中可以使用编码器向量作为图像特征。这可以用于完成神经网络的预训练工作。

12.2.3　与对抗生成网络对比

假设对抗生成网络无判别器而使用二范数作为损失函数，那么网络本身也可以完成数字生成任务，但问题在于二范数需要每个对应像素均相等，这样的强约束使网络很难学习到手写数字高层特征。因此判别器可以看作对损失函数的改进。

12.3　增强学习

深度增强学习的建模过程很有启发性，其代表了我们看待环境的方式以及对环境进行的简化。将整个过程简化为马尔科夫决策过程。首先需要对相关概念进行定义。

有限状态集合 $\mathcal{S} = \{s_1, \cdots, s_m\}$，这代表了对环境的观测。有限动作集合 $\mathcal{A} = \{a_1, \cdots, a_n\}$，代表了我们在环境中采取的动作。状态转移矩阵 $\mathcal{P}_{ijk} = p(s_k|s_i, a_j)$，代表了在当前状态 s_i 条件下采用动作 a_j 后产生新状态的概率。$R_{ij} = \mathbb{E}(R_{t+1}|s_i, a_j)$ 代表当前状态 s_i 以动作 a_j 所产生的回报预期。当前步与环境交互后产生的回报结果记为 R_{t+1}。

在有了基础定义后需要完成的工作就是定义策略 π，其代表着面对当前状态 s 所采用的动作。

建模过程仅依赖于当前状态。

$$\pi_{ij} = p(a_i|s_j) \tag{12.4}$$

状态转移矩阵在策略π下可以为如下形式。

$$\mathcal{P}_{ik}^{\pi} = \sum_j \pi_{ij}\mathcal{P}_{ijk} \tag{12.5}$$

此时回报函数如下。

$$\mathcal{R}_i^{\pi} = \sum_j \pi_{ij}\mathcal{R}_{ij} \tag{12.6}$$

定义状态值函数为当前状态下采用策略π所能取得的累计回报。

$$v_i = v^{\pi}(s_i) = \mathbb{E}_{\pi}(R_{t+1} + \gamma R_{t+1} + \cdots | s_i) \tag{12.7}$$

定义动作值函数如下。

$$q_{ij} = \mathrm{q}^{\pi}(s_i, a_j) = \mathbb{E}_{\pi}(R_{t+1} + \gamma R_{t+1} + \cdots | s_i, a_j) \tag{12.8}$$

由此可以定义动作值函数与状态值函数之间的迭代过程。

$$q_{ij} = \mathcal{R}_{ij} + \gamma \sum_k \mathcal{P}_{ijk} v_k$$
$$v_i = \sum_j \pi_{ji} q_{ij} \tag{12.9}$$

由此可以求解贝尔曼方程（Bellman Equation）。

$$q_{ij} = \mathcal{R}_{ij} + \gamma \sum_k \mathcal{P}_{ijk} \sum_n \pi_{nk} q_{kn} \tag{12.10}$$

这是迭代的过程。需要做的就是寻找最佳策略，使值函数取得最大。直接求解方程会有很多困难。这里使用神经网络近似估计值函数。

$$Q(a, s, w) \approx q_{ij} \tag{12.11}$$

这是整个DQN网络的基础。对于强化学习来说还有其他迭代方式，但本节仅以DQN为例。DQN网络的损失函数如下。

$$\mathcal{L}(w) = \mathbb{E}((R + \gamma \max_{a'} Q(s', a'; w) - Q(s, a; w))^2) \tag{12.12}$$

这里$Q(s,a)$就是网络输出，其是预测值。在DQN中没有环境模型，也就是无法了解状态转移矩阵。这里使用采样的方式产生预期目标，能使Q最大的动作为a'。DQN中引入了targetQ网络，其与Q网络的结构和初始权重均一样。Q网络每次均会更新，而target Q网络每过一段时间更新。算法整体迭代过程如下（2013年发表）。

DQN算法迭代流程
初始化记忆D，其容量是N
初始化Q
回合循环 e=1，m
　　初始化状态s_1

时间循环 t=1，T

    从 0~1 之间选择一个随机数 c

    如果 c 小于 ϵ，则从动作中随机选择一个 a_t

    否则按照 $a_t = \max_a Q(s,a;w)$ 选择，这个过程中带有探索因素

    执行动作 a_t 获取回报 r_t 并计算状态 s_{t+1}

将 s_t, a_t, r_t, s_{t+1} 存储于 D 中

    随机从 D 中采一批样本 $s_j a_j, r_j, s_{j+1}$

$$y_j = \begin{cases} r_j & \text{if } j \text{ is terminal} \\ r_j + \gamma \max_{a'} Q(s_{j+1}, a'; w) & \text{others} \end{cases}$$

使用 $\left(y_j - Q(s_j, a_j; w)\right)^2$ 进行更新

12.3.1　游戏说明

本节我们使用 Gym 库中的 CartPole 游戏作为示例，如图 12.6 所示。

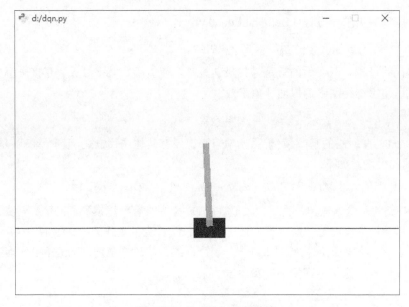

图 12.6　CartPole-v0 游戏

游戏目标在于保持绿线直立。使用 Python 构建一个游戏环境，见代码清单 12.8。

代码清单 12.8　CartPole 游戏

```
env = gym.make('CartPole-v0')
for e in range(steps):
    ……
        # 执行动作后获取状态、激励以及游戏是否结束
        state, reward, done, info = env.step(action)
```

这里 state 为小车的速度位置信息。reward 为激励信息，由于目标在于坚持的时间更久，因此每个时间步的奖励固定为 1，done 表示游戏是否结束。action 为输入动作，动作为向左和向右移动。

12.3.2　网络模型

DQN 网络中使用的卷积神经网络用于预测 Q 值，由于本游戏并不需要对图像进行识别，因此仅使用全连接网络进行处理，这里搭建的网络模型见代码清单 12.9。

代码清单 12.9　Q 值网络搭建

```
class DQNAgent:
    def __init__(self, state_size, action_size):
        self.state_size = state_size
        self.action_size = action_size
        self.batch_size = 1
        self.memory = deque(maxlen=2000)
        self.gamma = 0.95    # discount rate
        self.epsilon = 1.0  # exploration rate
        self.epsilon_min = 0.01
        self.epsilon_decay = 0.995
        self.learning_rate = 0.001
        self.model = self.build_model()

    def build_model(self):
        """
        DQN 网络模型
        这里使用 2013 年迭代方式
        并且使用全连接网络代替卷积神经网络
        网络模型比较简单
        """
        self.graph = tf.Graph()
        with self.graph.as_default():
            # 输入状态
            self.state = tf.placeholder(tf.float32,
```

```
                                    [self.batch_size, self.state_size])
        # 预期 Q
        self.targetQ = tf.placeholder(tf.float32,
                                    [self.batch_size, self.action_size])
        # 两层全连接
        net = layers.fully_connected(self.state, 16)
        net = layers.fully_connected(net, 16)
        self.Q = layers.fully_connected(net, self.action_size)
        # 二范数作为损失函数
        self.loss = tf.reduce_mean(tf.square(self.targetQ-self.Q))
        opt = tf.train.AdamOptimizer(1e-3)
        self.step = opt.minimize(self.loss)
        self.all_var = tf.trainable_variables()
        init = tf.global_variables_initializer()
    self.saver = tf.train.Saver(self.all_var)
    self.sess = tf.Session(graph=self.graph)
    self.sess.run(init)
def predict(self, state):
    """
    预测函数
    """
    return self.sess.run(self.Q, feed_dict={self.state:state})
def train(self, state, targetQ):
    """
    训练过程
    """
    self.sess.run(self.step, feed_dict={self.state:state,
                        self.targetQ:targetQ})
```

12.3.3　损失函数构建

对于 DQN 网络而言，关键过程为 targetQ 值的计算，见代码清单 12.10。

代码清单 12.10　minibatch 中 Q 值的计算

```
def minibatch_train(self, batch_size):
    minibatch = random.sample(self.memory, batch_size)
    """
    minibatch 迭代训练
    """
    for state, action, reward, next_state, done in minibatch:
        target = reward
        # 计算目标 Q 函数
        if not done:
            target = (reward + self.gamma *
```

```
                       np.amax(self.predict(next_state)[0]))
           targetQ = self.predict(state)
           targetQ[0][action] = target
           # 训练
           self.train(state, targetQ)
       if self.epsilon > self.epsilon_min:
           self.epsilon *= self.epsilon_decay
```

训练过程中选择 action 的过程是一个既要顾及贪心策略又需要探索的过程，根据 Q 值来预测行为的过程见代码清单 12.11，在下一步动作中以一定概率随机进行探索。

代码清单 12.11　根据输入状态预测行为

```
def act(self, state):
    """
    epsilon-greed
    算法选取下一个动作
    """
    if np.random.rand() <= self.epsilon:
        return random.randrange(self.action_size)
    act_values = self.predict(state)
    return np.argmax(act_values[0])    # 返回动作
```

将每次的结果输入记忆中，记忆过程包括状态、动作、回报以及下一个状态，见代码清单 12.12。

代码清单 12.12　记忆过程

```
def remember(self, state, action, reward, next_state, done):
    self.memory.append((state, action, reward, next_state, done))
```

上面的记忆供网络进行训练，见代码清单 12.13。

代码清单 12.13　迭代训练过程

```
env = gym.make('CartPole-v0')
state_size = env.observation_space.shape[0]
action_size = env.action_space.n
agent = DQNAgent(state_size, action_size)
for e in range(EPISODES):
    state = env.reset()
    state = np.reshape(state, [1, state_size])
    for time in range(500):
        action = agent.act(state)
        env.render()
        next_state, reward, done, _ = env.step(action)
        reward = reward if not done else -10
        next_state = np.reshape(next_state, [1, state_size])
        agent.remember(state, action, reward, next_state, done)
```

```
            state = next_state
            if done:
                print("episode: {}/{}, score: {}, epsilon: {:.2}"
                        .format(e, EPISODES, time, agent.epsilon))
                break
            if len(agent.memory) > batch_size:
                agent.mini batch_train(batch_size)
```

至此用于 CartPole 的 DQN 网络搭建完毕。在深度增强学习中可以使用卷积神经网络来拟合 Q 值。本节只是实现了一个更基础的版本，有兴趣的读者可以参阅与增强学习相关的文献进行更加深入的学习。

12.4　小结

本章介绍了对抗生成网络、自编码器和增强学习 3 个非监督学习过程。在神经网络的学习过程中并未直接给定样本标签，因此读者应当将一部分精力用于理解损失函数的构建过程，这是很多机器学习算法的难点所在。而增强学习与对抗生成网络则给出最原始版本的实现。就这两个项目而言，读者在理解损失函数构建后应当着重理解建模过程：对于对抗生成网络博弈过程的建模以及增强学习中对于环境的建模与简化，可以作为了解。

非监督学习的方式是未来的发展方向，但目前依然有很多问题亟待解决。深度学习作为一类机器学方法，现阶段依然是作为一种函数近似工具被使用。很多时候深度学习是对于现有统计学的延伸，其并未超脱统计学方法。在有限的未来，深度学习的研究方向主要是以模型构建与训练方法为主。在更远的未来，深度学习是否是一种良好的机器学习模型，也是一个值得思考的问题。